全国特种作业人员安全技术培训考核统编教材

爆 破 工

《全国特种作业人员安全技术培训考核统编教材》编委会

气象出版社

图书在版编目(CIP)数据

爆破工/《全国特种作业人员安全技术培训考核统编教材》编委会组织编写. —北京:气象出版社,2003.6(2013.3重印)

全国特种作业人员安全技术培训考核统编教材
ISBN 978-7-5029-3581-8

Ⅰ.爆… Ⅱ.全… Ⅲ.爆破技术-技术培训-教材
Ⅳ.TB41

中国版本图书馆 CIP 数据核字(2003)第 044792 号

气象出版社出版
(北京市海淀区中关村南大街 46 号 邮编:100081)
总编室:010-68407112 发行部:010-68409198
网址:http://cmp.cma.gov.cn E-mail:qxcbs@cma.gov.cn
责任编辑:成秀虎 终审:黄润恒
封面设计:王 伟 版式设计:陈 红 责任校对:宋春香

*

北京京科印刷有限公司印刷
气象出版社发行

*

开本:850×1168 1/32 印张:7.375 字数:175 千字
2005 年 6 月第 2 版 2013 年 12 月第 7 次印刷
定价:13.00 元

本书如存在文字不清、漏印以及缺页、倒页、脱页等,请与本社
发行部联系调换

前 言

  电工作业、金属焊接切割等一些特种作业容易发生伤亡事故,对操作者本人、他人及周围设施、设备的安全造成重大危害。从统计资料分析,大量的事故都发生在这些作业中,而且多数都是由于直接从事这些作业的操作人员缺乏安全知识,安全操作技能差或违章作业造成的。因此,依法加强直接从事这些作业的操作人员,即特种作业人员的安全技术培训、考核非常必要。

  为保障人民生命财产的安全,促进安全生产,《安全生产法》、《劳动法》、《矿山安全法》、《消防法》、《危险化学品安全管理条例》等有关法律、法规作出了一系列的强制性要求,规定特种作业人员必须经过专门的安全技术培训,经考核合格取得操作资格证书,方可上岗作业。原劳动部曾制定了相应的培训考核管理规定和培训考核大纲,并编写了特种作业人员培训考核统编教材,对推动此项工作发挥了重要作用。1998年国务院机构改革后,原劳动部承担的职业安全监察、矿山安全监察及安全综合管理职能划入国家经贸委。为适应社会主义市场经济的发展和劳动用工制度改革、劳动力流动频繁的新形势,防止各地特种作业人员实际操作水平的参差不齐,避免重复培训、考核和发证,减轻持证人员的负担和社会的总体运营成本,统一规范特种作业人员的培训、考核工作,当时的国家经贸委以2000年第13号令的形式发布了《特种作业人员安全技术培训考核管理办法》,在全国推广和规范使用具有防伪功能的IC卡《中华人民共和国特种作业操作证》,并实行统一的培训大纲、考核标准、培训教材及证件,此项工作一直持续至今,本套教材是与之相配套并由国家经贸委安全生产局直接组织编写的。2001年国家经贸委安全生产局从国家经贸委独立出来成立安全生产监督管理局时,这套教材的编写工作随之转入新的机构,并在 2002 年国家安全生产监督管理局"关于做好特种作业人员安全技术培训教材相关工作的通知"中加以确认。2006 年国家安全生产监督管理总局第 3 号令《生产经营单位安全培训规定》重申了"生产经营单位的特种作业人员,必须接受专门的安全培训,经考核合格,取得特种作业操作资格证书后,方可上岗作业"这一基本原则,同时对特种作业的范围、培训大纲和标准也在进行必要的调整。为了适应新的形势的要求,在总结经验并广泛征求各方面意见的基础上,我们对这套教材进行了第三次大规模的修订,新修订的教材基本包括了全部的特种作业工种共 30 余种。本次修订根据主编罗音宇先生的意见,由成秀虎总体策划和组织,在修订时既充分考虑了原有教材的体系和完整性,保留了原有教材的特色,又根据新的情况,从品种和内容方面做了必要的修改和补充,力争有所超前,如增加了装载机、挖掘机操作技术等新的品种。为了便于各地特种作业人员的培训,还开发了与之相配套的复审教材和考试题库供各地选用。

本套教材在编审和修订过程中,先后得到了武汉安全环保研究院、天津市劳动保护教育中心、河南省劳动保护教育中心、北京市事故预防中心、青岛市安全生产监督管理局、武钢矿业公司、大冶有色金属公司、鲁中冶金矿业公司、淮南矿务局、大冶铁矿、铜录山铜矿、梅山铁矿、马钢南山铁矿、南芬铁矿、鸡冠咀金矿、湖北省经贸委安全生产处、湖南省经贸委安全生产处、山东省安委会办公室等单位的大力支持,以曲世惠、王红汉、徐晓航、张静等为代表的一大批作者和以闪淳昌、任树奎、杨富等为代表的一大批专家也为此套教材的出版做出了巨大贡献,限于篇幅这里恕不一一列举,谨表衷心地谢意。

本书编委会
2007 年 2 月

目 录

前言
第一章 绪论 ……………………………………………… (1)
第一节 爆破工程的发展及应用概况 ……………………… (1)
第二节 爆破安全教育的重要性 …………………………… (3)
第二章 工业炸药 …………………………………………… (5)
第一节 工业炸药发展概述 ………………………………… (5)
第二节 爆炸现象及炸药的基本概念 ……………………… (6)
第三节 爆药的起爆、感度及有关性能 …………………… (8)
第四节 常用工业炸药 ……………………………………… (22)
第五节 煤矿安全炸药 ……………………………………… (30)
第六节 黑火药 ……………………………………………… (38)
第七节 燃烧剂与膨胀剂 …………………………………… (39)
第八节 烟火剂、烟花、爆竹和礼花弹 …………………… (44)
第三章 起爆器材及起爆方法 ……………………………… (48)
第一节 起爆器材 …………………………………………… (48)
第二节 起爆方法 …………………………………………… (77)
第四章 爆破原理及爆破方法 ……………………………… (111)
第一节 爆破作用原理 ……………………………………… (111)
第二节 工程爆破的基本要求和影响爆破效果的主要因素 ……………………………………………………… (114)
第三节 炮孔爆破 …………………………………………… (121)
第四节 深孔爆破 …………………………………………… (133)
第五节 硐室爆破 …………………………………………… (141)
第六节 药壶爆破 …………………………………………… (145)
第七节 裸露爆破 …………………………………………… (149)
第八节 光面爆破 …………………………………………… (153)

第九节　预裂爆破···(155)
第五章　特殊环境爆破··(158)
　　第一节　煤矿爆破···(158)
　　第二节　硫化矿山爆破··(161)
　　第三节　拆除爆破···(169)
　　第四节　其他特殊爆破··(182)
第六章　爆破有害效应··(187)
　　第一节　爆破地震波··(187)
　　第二节　爆破冲击波··(189)
　　第三节　爆破飞石···(191)
　　第四节　爆破有害气体··(194)
第七章　爆破安全管理及技术···(196)
　　第一节　爆破事故分类··(196)
　　第二节　爆破安全管理··(197)
　　第三节　早爆原因及预防······································(202)
　　第四节　迟爆原因及预防······································(219)
　　第五节　爆破操作安全技术···································(221)
　　第六节　造成盲炮的原因及处理技术····················(225)
主要参考文献··(227)

第一章 绪 论

第一节 爆破工程的发展及应用概况

公元 7 世纪,我国黑火药的发明,给工程爆破提供了可能,直到 1627 年,匈牙利才将黑火药用于采掘工程,从而开拓了工程爆破。

1867 年瑞典人制成了雷汞;1831 年出现毕氏导火索;1867 年瑞典人诺贝尔发明了火雷管,同年又制成了硝化甘油炸药。至此,工程爆破所用的最基本爆破器材已经齐全。

到了 20 世纪,爆破器材和爆破技术有了新的进展,1919 年出现了导爆索,1927 年又在瞬发电雷管的基础上制成秒延期电雷管,1946 年又制成了毫秒延期电雷管,50 年代初,铵油炸药得到了推广应用。1956 年,库克发明了浆状炸药,解决了硝铵炸药的防水问题。

我国在新中国成立以后,才有了自己的工业炸药。目前,我国工业炸药已有了一个比较完整的生产体系,建立了 100 多个炸药厂,品种达数十种之多,如铵油炸药(包括铵松蜡炸药、多孔粒状铵油炸药、铵沥蜡炸药)、浆状炸药、水胶炸药、乳化炸药、液体炸药等都已广泛推广使用。

起爆器材的发展也很快,我国到 20 世纪 60 年代,在已有的火雷管、瞬发和延期电雷管的基础上开发了精度较高的毫秒延期电雷管,雷管段别达 20 段。1975 年制成了抗杂电雷管和抗静电雷管,并在矿山应用,其技术指标达国际先进水平。1978 年我国自己制造出导爆管,并与毫秒雷管配套,生产了导爆管——瞬发雷管、毫秒延期雷管、秒差延期雷管等系列产品,这些早已在全国广泛推广应用。1980年研制成功了无起爆药雷管及其系列产品,该技术转让给瑞典诺贝尔公司并向世界28个国家和地区申请了专利。在20世纪80年代中期,制成了电子毫秒延期电雷管,产品达100个段别。低能导爆索,最小药量达1.2g/m、无线安全电雷管等。到1990年,制成了抗高低温、高强度导爆管,并配成瞬发和各种延期系列产品在矿山推广应用。

爆破技术和爆破规模方面的发展也很快,有了先进的爆破器材配合,并随着爆破作业机械化程度的提高,预裂爆破、光面爆破、定向爆破及各种控制爆破等新技术相继得到发展和应用,爆破技术和爆破安全工作正在迅速的发展之中。

工程爆破在国民经济中占有比较重要的地位。国家要开矿,如金属矿、煤矿、建筑材料和水泥等都离不开工程爆破;国家要建设,如公路、铁路、水电等,也离不开工程爆破;城市要建设、发展、扩大,旧的楼房、厂房要拆除、改造等也离不开工程爆破。总之,爆破已渗透到各行各业,大的到移山填海的大爆破,如1971年四川狮子山矿区露天大爆破,一次爆破炸药量达10162.22t,一次爆破方量达1140万 m^3。继此之后,1992年广东三灶机场一次大爆破炸药量达1.2万多吨,起爆雷管段数达60个段,这些都达到了世界水平的大爆破。小的到人体内结石爆破,都在应用爆破技术。

在水利水电部门,爆破技术的应用愈来愈广泛,我国共进行了60多次的定向爆破筑坝,都取得了很好效果。在坝基的保护性开挖方面,1987年采用孔内短间隔高精度毫秒分段,在一个孔内分成4~5个段起爆,取得了很好效果,改变了过去坝基保护性小爆破和人工作业相结合的办法,大大提高了工程进度,保证了工程质量。由原来普通爆破后,岩石裂缝深度达50~80cm减少到5~10cm。

在机电工程中,爆炸加工技术发展迅速,例如爆炸成型、爆炸焊接、爆炸复合、爆炸切割等。利用爆炸余能,可以人工合成金刚石。在石油地质部门,爆破用于坑探、掘进、地震勘探、油井和气井爆破等。采用高温爆破法,可清除高炉、平炉和炼焦炉中的炉瘤或爆破金属炽热物等。

在城市建筑物、构筑物、基础、地坪等拆除工程中,控制爆破得到发展和应用。目前,国内控制爆破研究与施工组织相继成立,水压爆破、静态爆破和成型爆破等控制爆破方法和技术正不断地改进与创新。多起高达100～120m钢筋砼的成功爆破拆除及高层建筑物在复杂环境中的成功爆破拆除,已达世界先进水平。

此外,在农林方面,爆破可用于平整土地、造田、伐木、植树、驱雹、爆炸降雨、深耕及油田和森林灭火等。在水下除了进行常规的爆破外,随着跨海工程的增加,沿海码头的建设,水下爆夯、水下爆破挤淤等爆破工程也应用广泛,而且爆破技术不断提高,操作更加简单、安全。在军事方面,爆破应用更加广泛,在坚实的土质中,应用爆破扩壶技术,成为战士快速制成人工掩体普及技术。

第二节 爆破安全教育的重要性

爆破安全教育包含两个方面的主要内容:一是思想道德的教育;二是爆破专业知识和技术的培训。二者缺一不可。

爆破作业是特种行业,它具有较大的危险性。从事爆破的所有人员,包括技术及管理人员和直接操作的作业人员,占全国人数比例很小,他们是国家的财富。作为一名爆破工,是十分光荣的,充分体现了党和国家对爆破工的极大信任,将具有破坏性极大的炸药和雷管交给他们,让他们利用手中的武器为国家的建设做贡献。作为一名爆破工,应该珍惜这份荣誉,爱护手中的爆破器材就如战士爱护枪支一样,就如爱护自己的生命一样,决不能随意丢失或转借他人,更不能利用手中的爆破器材去做对不起国家和人民的事。这是作为一个爆破工首先必须做到的。但光是这样还不够,还必须深刻了解各种爆破器材的性能,熟练掌握其应用技术和操作方法以及国家有关的安全法规,才能符合一名可信任的爆破工的基本条件。

炸药是易燃易爆物品,在特定条件下,其性能是稳定的,贮存、运输、使用也是安全的。然而在意外的外能作用下,可能产生爆炸,这将给国家带来不可估量的损失,给人民带来灾难。如1965年,印度达巴特煤矿的爆炸事故死亡375人;1983年我国某铅锌矿早爆事故死亡58人。在国内,每年爆破事故死亡的人数仍占有较大比例。爆破技术的广泛应用,对经济的发展起了推动作用,但是意外爆炸事故不断发生,也严重威胁着人民生命财产的安全。

我国一贯对爆破安全工作十分重视。早在1957年,冶金工业部就颁发了《冶金矿山爆破安全规程》;随后,铁道、煤炭、化工、建材等部门,也制定了本部门的《爆破安全规程》。1984年,国家颁布了《民用爆炸物品管理条例》。国家标准《爆破安全规程》于1987年5月1日实施。1989年6月16日,国家劳动部、农业部、公安部、建设部联合发布《乡镇露天矿场爆破安全规程》。1992年,国家又颁布了《大爆破安全规程》并于10月1日实施。1993年,国家又颁布了《拆除爆破安全规程》并于3月1日实施。这些都充分说明了国家对爆破安全极其重视。

近20年来,各级公安部门对全国各个部门的爆破工进行了系统培训、考核、发证,对持证人员每年还进行再培训、考核、年审,使从事爆破的爆破工,思想素质和专业知识技能不断提高,对爆破作业的安全性更加重视。各级公安部门规定了爆破作业时,必须持证上岗,杜绝了非爆破人员进行爆破作业。另一方面,从事爆破的人员不断的年轻化、知识化、专业化,更在一定程度上控制和减少了爆破事故的发生。

近年来,国家建设部、公安部对全国各爆破公司重新登记、定级、发证,使爆破公司规范化,从源头把住爆破安全关和爆破质量关,也从另一个角度说明了国家对爆破安全的重视。

第二章 工业炸药

第一节 工业炸药发展概述

炸药是我国的重大发明之一。早在汉代已开始利用硝石、硫磺和木炭制造黑火药,作为火工武器。

黑火药的发明,对人类社会的文明发展起了划时代的促进作用。黑火药作为唯一的炸药时代,一直延续到1865年诺贝尔用硝化甘油发明胶质炸药,1867年瑞典制成了由硝酸铵、煤和碳氢化合物组成的硝铵炸药为止,才进入一个新的时代——工业炸药时代,给以后发展硝铵炸药生产奠定了基础。

20世纪50年代中期,硝化甘油炸药和铵油炸药同时得到发展。欧美和日本等国,偏重于使用硝化甘油炸药,苏联和东欧各国从第二次世界大战以后,着重发展硝铵类炸药。我国解放以来,在工业炸药方面也坚持发展硝铵类炸药。近几年来,使用硝铵类炸药的量已占炸药总量的80%以上,其中以铵油炸药用量最大。后来在铵油炸药的基础上发展了铵沥蜡、铵松蜡等具有一定的防潮、防水硝铵类炸药。

20世纪60年代以后,铵油炸药在世界各国用量不断增加,如1960年,美国使用量占16%,1961年增加到60%;在露天矿山其用量高达90%以上。地下矿开采中,1961年加拿大用量只占40%,1962年猛增到70%以上。据统计,1968年美国所消耗的全部工业炸药中,铵油炸药占70%。

由于浆状炸药在爆炸性能方面不十分理想且成本较高,所以其用量的增加远不如铵油炸药。

到了20世纪60年代末70年代初,世界各国研究和发展了种类繁多的含水炸药品种。水胶炸药问世不久,美国阿特拉斯公司的布鲁母在1969年公布了乳化油炸药的第一个专利。除美国外,英国、加拿大、澳大利亚、瑞典、南斯拉夫等国相继有产品投放市场。

我国于1979年开始研制,到1981年,就研究出系列乳化炸药,并用于爆破工程。现在乳化炸药已成为在有水爆破环境中的重要炸药品种。

从炸药生产、运输、使用,以及使用的安全性、经济性、可靠性三个方面综合衡量,铵油炸药和含水炸药已成为现代工业炸药的主体,生产工艺已机械化、连续化。含水炸药有很高的体积威力、良好的抗水性和由于敏化气泡引入炸药生产而提高炸药感度。所有这些,使这两种炸药均获得了最好的综合经济效益,具有强大的生命力。

第二节 爆炸现象及炸药的基本概念

一、爆炸现象

我们日常生活中遇到的爆炸现象,如锅炉爆炸、轮胎爆炸、鞭炮爆炸等,它们的共同特征是:在发生爆炸处,周围压力突然升高,附近物质受到冲击或破坏,同时伴有声、光等效应。

根据爆炸产生的原因及特征,爆炸现象可分为三类:

1. 物理爆炸

其特点是爆炸前后物质的性质及化学成分没有改变(仅发生压力增大等),如轮胎、锅炉、高压气瓶等爆炸均属物理爆炸。

2. 化学爆炸

物态变化时发生极迅速的放热化学反应,生成高温、高压产物,由此而引起的爆炸称为化学爆炸,如炸药、沼气、鞭炮等的爆炸。

3. 核爆炸

某些物质的原子核发生裂变或聚变连锁反应时,瞬间放出巨大能量,如原子弹、氢弹的爆炸。

二、炸药的基本概念

(一) 炸药爆炸三要素

炸药爆炸是化学爆炸的一种,炸药爆炸时应具备三个同时并存相辅相成的条件,称为炸药爆炸三要素。

1. 反应过程大量放热

放热是化学爆炸反应得以自动高速进行的首要条件,也是炸药爆炸对外作功的动力。例如,1kg 梯恩梯爆炸时能产生 1183kcal 的热量;而把 1kg 大米做成饭却只需要约 500kcal 的热量。

2. 反应过程极快

这是区别于一般化学反应的显著特点,爆炸可在瞬间完成。例如 1kg 梯恩梯完全爆炸只需要十万分之一秒的时间,而 1kg 煤能放热 2140kcal,比梯恩梯约多一倍,但其反应时间要几十分钟,故煤不具备爆炸条件。

3. 生成大量气体

一个化学反应,即使具备了前面两个条件,而不具备本条件时,仍不属爆炸。

(二) 炸药化学变化的基本形式

炸药在外能作用下可能发生三种基本形式的化学反应,即热分解、燃烧和爆炸。

1. 热分解

炸药在常温下或受热作用时,会发生缓慢的分解并放出热量,这就是热分解。热分解速度随温度的升高而加快。所以,在贮存炸药时,堆放不要过密过多,要注意通风,保持常温,防止炸药因温度过高导致热分解加快而引起的爆炸事故。

2. 燃烧

炸药在火焰或热作用下可能引起燃烧。燃烧速度一般比较慢，但当燃烧生成的气体或热量不能及时排出时，可能导致爆炸。因此，当遇到炸药燃烧时，切不可用砂土覆盖法去灭火。

3. 爆炸

当炸药受到足够大的外能作用时，会发生猛烈的化学反应。该反应以一种冲击波的形式高速传播，这就是炸药的爆炸。爆炸速度保持在最高值并稳定传播时称为爆轰。因此，爆轰是炸药化学变化的最高形式，这时炸药的能量释放得最充分。

上述三种反应形式不是相互独立的，在一定条件下，可以相互转化。如当炸药失火时，应设法控制升温和热能积聚，则应采用水来灭火，不宜采用泡沫灭火器，更不能采用覆盖沙土的办法灭火，否则将由燃烧转为爆炸，造成事故。使用炸药时，要给足够的外能，确保炸药稳定爆炸，以免造成半爆或拒爆事故。

第三节 炸药的起爆、感度及有关性能

一、炸药的起爆

炸药具有爆炸的性能。在常态下，它能处于相对的稳定状态，也就是说，它不会自行发生爆炸。要使炸药发生爆炸，必须使炸药失去其相对的稳定状态，即必须给炸药施加一定的外能作用。炸药在外能作用下发生爆炸的过程，称为炸药的起爆。使炸药起爆所需的外能，则称为起爆能。

多种形式的外能都可以激起炸药起爆，但从工程爆破技术、作业安全和有效使用炸药的角度看，热能、爆炸能和机械能较有实际意义。

1. 热能

当炸药受到热或火焰的作用时，其局部温度将达到爆发点而引起爆炸。例如，火雷管起爆法就是利用导火索的火焰来引爆火雷

管;电雷管起爆法则是利用电桥丝通电灼热引燃引火药头而引燃雷管,进而起爆炸药。

2. 机械能

炸药在撞击或摩擦的作用下,炸药颗粒间产生强烈的相对运动,机械能瞬间转化为热能,从而引起炸药爆炸。但利用机械能起爆炸药既不方便也不安全,工程爆破中一般不采用。在运输和使用炸药时,必须注意机械作用可能引爆炸药的问题,以防爆炸事故发生。

3. 爆炸能

工程爆破中常用一种炸药爆炸产生的强大能量来引爆另一种炸药。例如在实际爆破作业中最常见的是利用雷管或导爆索的爆炸来引爆炸药;其次是利用起爆药包的爆炸,引爆一些钝感炸药。

除了上述的热能、机械能和爆炸能外,光能、超声振动、粒子轰击、高频电磁波等也都可激起炸药爆炸,因此这些在爆破作业中都应引起注意和重视。

二、炸药的感度

炸药在外界作用影响下发生爆炸的难易程度叫炸药的敏感度(简称为感度)。即指炸药对外界起爆能的敏感程度。感度的高低,通常以引起爆炸所需的最小外界能量来表示。所需外界能量小则感度高,反之则感度低。引起炸药爆炸的外界能量有:(1)机械能:冲击、摩擦、针刺、振动等产生的能量。(2)热能:加热、火花、火焰或灼热物所放出的能量等。(3)电能:电热、电火花产生的能量。(4)光能:激光发出的能量。(5)爆炸能:由爆炸产生的能量引爆炸药。

炸药的感度主要有以下几种。

1. 冲击感度

即对冲击能量的敏感程度。用炸药受固定重量的落锤,自固定高度自由落下的冲击作用而发生爆炸的百分数表示。表示猛炸药的冲击感度通常用立式落锤试验仪侧定,锤重 10kg,落高 25cm,药量 0.05g,试验次数规定为 25 次,用爆炸次数所占总数的百分数表示。如表 2-1 列出几种猛炸药的冲击感度。

表 2-1　炸药的冲击感度

炸药名称	冲击感度(%)	炸药名称	冲击感度(%)
黑火药	50	特屈儿	48
硝铵炸药	16~32	黑索金	72~88
硝化甘油	100	太安	100
TNT	4~8		

一般说,起爆药的感度很高,即在外能作用下,很容易引起爆炸。因此要特别小心,如火雷管加强帽下面的起爆药,把火雷管加工成起爆药包时,就必须特别注意,不能对它有大的挤压、冲击和摩擦。

2. 摩擦感度

炸药在摩擦作用下发生爆炸的难易程度称为摩擦感度。炸药的摩擦感度用摆式摩擦仪测定。摆锤为 1500g,摆角 90°,表压 5.0MPa。低感度混合炸药测定药量为 0.01~0.03g,试验 25 次。其感度用爆炸次数与试验总次数的百分比表示。炸药的摩擦感度与冲击感度见表 2-2。

表 2-2　一些炸药的冲击感度和摩擦感度

感度＼炸药	梯恩梯	黑索金	2号岩石铵梯炸药	3号高威力岩石铵梯炸药	煤矿2号岩石铵梯炸药	铵松蜡炸药
冲击感度(%)	4~8	70~75	32~40	4~8	32~40	0~4
摩擦感度(%)	0	90	16~20	32~40	24~36	4~16

3. 热感度

炸药在热能作用下发生爆炸的难易程度称为热感度。热感度一般用爆发点来表示。爆发点是指在标准容器——伍德合金浴锅中 0.05g 炸药受热作用时,在 5 分钟内必然发生炸药反应的最低温度。爆发点低,表示热感度高,一些炸药的爆发点列于表 2-3 中。

表 2-3　一些炸药的爆发点

炸　药	爆发点(℃)	炸　药	爆发点(℃)
EL 系列乳化炸药	330	雷汞	175～180
2 号岩石硝铵炸药	186～230	黑索金	230
2 号煤矿硝铵炸药	180～188	特屈儿	195～200
硝酸铵	300	梯恩梯	290～295
黑火药	290～310	二硝基重氮酚	170～173

4. 爆轰感度

炸药受到其他炸药爆炸作用而发生爆炸的难易程度,称为炸药的爆轰感度。通常用极限起爆药量来表示。极限起爆药量越小,则炸药的爆轰感度越高。对于工业用混合炸药,一般采用殉爆距离来衡量。殉爆距离越大,则爆轰感度越高,几种常用硝铵类炸药的殉爆距离列于表 2-4。

表 2-4　几种常用硝铵类炸药的殉爆距离

炸药名称	殉爆距离(cm)	炸药名称	殉爆距离(cm)
2 号岩石硝铵炸药	不少于 8	煤矿 2 号硝铵炸药	5
1 号露天矿硝铵炸药	不少于 4	1、2 号铵油炸药	5
2 号露天矿硝铵炸药	不小于 3	EL-102 型乳化炸药	Φ32 >10
煤矿 1 号硝铵炸药	6		

炸药爆炸时引起与它不相接触的邻近炸药发生爆炸的现象称为殉爆。在一定程度上,殉爆反应了炸药的冲击波感度。主发炸药包爆炸时能引爆沿轴线布置的另一药包爆炸的最大距离称为殉爆距离。

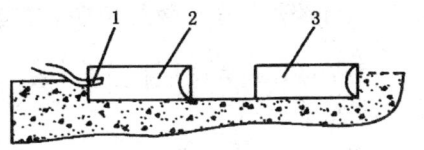

图 2-1　炸药殉爆距离的测定
1—雷管;2—主发药包;3—被发药包

殉爆距离的测定方法如图 2-1 所示。取两卷药量和直径相同的药包,其中一卷的平面端装上8号雷管作为主发药包。用与药包直径相同的木棒在水平的松沙土地上压出半圆槽,将两卷药包放入槽内,主发药包的凹面端与被发药包的平面端相对,量出两药包的间距,随后起爆。被发药包连续三次被殉爆时的两药包的最大间距就是该炸药的殉爆距离。

影响炸药殉爆的因素很多,如装药密度、药卷直径、中间介质、药包外壳强度、炸药含水量等。当主发药包确定后,被发药包在一定的范围内密度越小,殉爆距离增加;主发药包密度增大,殉爆距离增加。

药量和直径的影响。当固定主、被发药包的药量,殉爆距离随直径的增加而增大。如固定两者的直径,殉爆距离随药量的增加而增大。

装药外壳和连接的影响,随着药包外壳强度的增大,殉爆距离增大,如把药卷装在坚固的钢管内,并使主、被动药卷用一钢卷连接起来,殉爆距离可进一步加大。

炸药中的含水量对殉爆距离有影响,含水量大,被动药卷感度低,使殉爆距离下降,过大的含水量,会造成拒爆。

药卷间的介质对殉爆距离的影响依次是:空气>水>木材、粘土>砂。这种现象在建造危险工房或炸药库时可以利用。如设计用防爆土堤或防爆墙,可大大缩短安全距离。在炮孔装药中,采用沙土堵塞进行分段装药起爆,可减少爆破震动。

三、炸药热化学参数及其有关性能

(一)爆炸反应的几个主要参数

1. 爆热

进行爆炸反应时放出的热量叫炸药的反应热,简称为爆热。它是指1kg或1g分子炸药在定容条件下爆炸瞬间所放出的热量。爆热愈大,炸药的作功能力也愈大。常用的工业炸药的爆热一般为 $2931 \sim 6280 kJ/kg$。

2. 爆温

炸药爆炸瞬间所放出的热量将爆炸产物加热到的最高温度称为爆温。工业炸药的爆温一般可达 2000~4500℃以上。

3. 爆压

在发生爆炸反应的瞬间,高温气体在未向外膨胀以前,对周围介质造成的最大压力叫爆压。工业炸药爆炸时产生的爆压可达 $1\times10^5 \sim 4\times10^5$ MPa。实践证明,当炸药本身的爆炸反应传播较慢,而周围条件对维持压力又不利时(如裸露药包爆破),炸药的爆压将急剧下降,能量大量损失,从而降低爆破效果。为此,对于硐室爆破和炮孔爆破,保持堵塞质量是提高爆破效果,减少飞石的有利途径。

4. 爆炸功

炸药爆炸时,整个爆炸过程中的爆炸作功能力叫做爆炸功。常用爆炸产物作绝热膨胀时,从起始膨胀到温度降到炸药初温时所作的全部功来表示。在实际爆破中,真正有效的爆炸功只占炸药爆炸功的一小部分,约为百分之几到百分之十几。原因是:炸药爆炸时,化学反应不完全,而导致能量损失;爆炸时,由于热传导和热辐射作用把热量传给周围岩石和气体,以及使介质过分地产生塑性变形等造成热量损失,热损失约占总能量的一半;用于破碎岩石机械功的这部分能量,由于对岩石作不必要的抛掷而导致一部分能量损失。因此工程爆破中,要合理选择参数和工艺,尽量减少爆炸功的损失,提高炸药能量的利用率。

(二)炸药的爆炸性能

与工程爆破有关的炸药爆炸性能有:威力(也叫爆力)、猛度、爆速、殉爆及其有关的聚能效应等。

1. 威力(爆力)

即炸药爆炸时作功的能力。它表示炸药在介质内部爆炸时对其周围介质产生的整体压缩、破坏和抛移能力。它的大小与炸药爆炸时释放出的能量大小成正比。威力越大破坏能力越强,破坏的范围及体积也就越大。威力的大小取决于爆热的大小、产生气体量的多少以及爆温的高低。爆热大,产生气体量多,爆温高则威力大。

威力的测量:常用铅铸扩孔法又叫特劳茨铅铸试验法测定。即用精制铅铸成圆柱体,其规格为$\Phi 200 \times 200mm$,中央有一个$\Phi 125 \times 125mm$圆孔(见图2-2a),称取$10 \pm 0.1g$炸药装入$\Phi 24mm$锡箔纸筒内,然后插入雷管一起放入铅铸孔的底部,上部空隙用干净的并经144孔/cm^2筛选过的石英砂填满,爆炸后,圆柱扩大成梨形(图2-2b)。

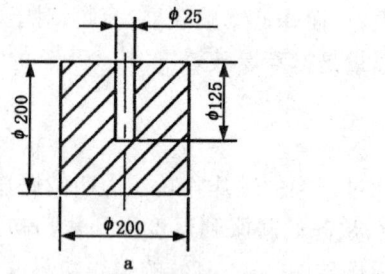 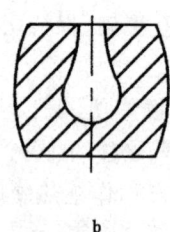

图2-2 炸药爆炸前后的铅柱测状与尺寸
a—爆炸前的铅柱;b—爆炸后的扩孔示意图

用量筒注水测出爆炸前后体积差,从中减去所用雷管的扩孔值(通过试验确定),之后所得差数值即为被测炸药的爆力。

雷管本身的扩孔量应从扩孔值中扣除,可先用雷管在同等条件下对铅柱作扩孔试验。一些炸药的威力列于表2-5中。

表2-5 几种炸药的威力值

炸 药 名 称	威力(爆力)(ml)
梯恩梯	285
黑索金	490
太安	500
2号煤矿炸药	250
2号岩石炸药	320

威力测定的另一种方法是爆破漏斗法。这种方法没有统一的

规定标准。因此只有在同一条件下测定的结果才能进行比较。

测定方法如图2-3所示。在均质砂土中钻1个$\Phi 50mm$,深40cm的炮孔,然后将40~50g炸药集中装入孔底,用8#雷管起爆。爆炸后,在地面形成1个深为H,半径为r(或直径D)的爆破漏斗,其体积$V=1/3\pi r^2 H$。

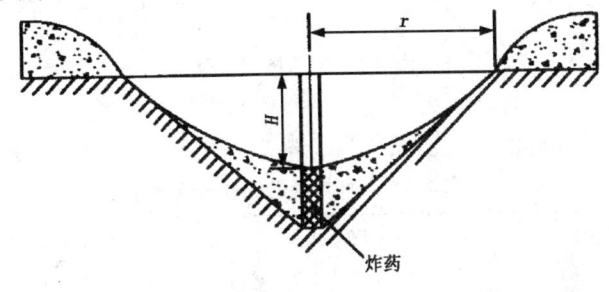

图2-3 爆破漏斗试验

在同一试验条件下,体积大的炸药威力高,反之则威力低。

必须指出,以上两种方法测定,结果只能表示一种相对值。

这种方法在大爆破中,若使用威力比2号岩石炸药高或低的炸药,必须将所选用的炸药与2号岩石炸药作一对比试验,求出其比值后换算成所选用炸药量。

2. 猛度

即炸药的破碎作用。指在爆炸瞬间,爆炸产生直接对与之接触的局部固体介质的破坏程度。

猛度的测量方法:常用的铅柱压缩法,实验装置如图2-4。在$200\times 200\times 20mm$的钢板1中央放置$\Phi 41\times 10mm$钢片3一块。炸药试验量一般为50g,猛炸药如黑索金、泰安等用25g,装入$\Phi 40mm$纸筒内,控制其密度为$1g/cm^3$,药面上锥一中心孔插入雷管5,插入深度为15mm,将这个药柱4放置在钢片上,用索线绷紧,然后引爆。爆炸后,铅柱被压缩成蘑菇形,用卡尺测其四点高度,取平均值,计算出压缩值。

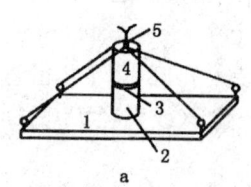 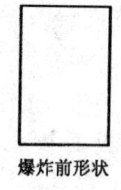 

图 2-4　铅柱压缩实验

1—钢板；2—铅柱；3—圆钢片；4—药柱；5—雷管

几种炸药的铅柱压缩值列于表 2-6 中。

表 2-6　几种炸药的铅柱压缩值

炸药名称	密度(g/ml)	压缩值(mm)
梯恩梯	1.0	16~17
梯恩梯	1.2	18.7
2号煤矿炸药	0.9~1.0	10~12
2号岩石炸药	0.9~1.0	12~14
铵沥蜡炸药	0.9~1.0	8~9
EL 系列乳化炸药	1.1~1.2	16~19
KJ 系列乳化炸药	1.1~1.25	15~19

3. 爆速

即炸药爆炸时爆轰波沿炸药内部传播的速度，爆速主要取决于炸药的性质与纯度，此外还与各种因素，如起爆药的威力、装药直径、包装材料的强度、炸药的装填密度、炸药的颗粒大小、含水量及附加物等因素有关。一些猛炸药的爆速见表 2-7。

表 2-7　几种炸药的爆速

炸药名称	爆速(m/s)	炸药名称	爆速(m/s)
梯恩梯	6850	煤矿1号、2号炸药	3509~3600
太安	8400	铵油炸药	3200
黑索金	8380	EL-102型乳化炸药	4000~5300
2号岩石炸药	3826		

炸药爆速的测定方法：目前测定方法按其原理可分为导爆索法、电测法、高速摄影法 3 种，现只介绍前两类：

(1) 导爆索法(道特里什法)

其原理是利用已知爆速的导爆索来与一定长度炸药柱的平均爆速相比较，简便地测量出炸药的爆速。该法简单易行。测量装配见图 2-5。用牛皮纸做成长约 350mm、内径 32mm 的一端封闭的炸药纸筒。把待测定的炸药 300g，均匀分成 5 次装入纸筒内。装筒时要控制长度使其保持一致，量出装药的长度，算出装药密度。切取 1m 长已知爆速的导爆索，在其中点处作一记号并对准铅板(或铝板)上预先刻好的刻痕，平铺于铅板上(稍有间隙)用铁丝固定，在待测炸药卷上打两个相距 200mm、直径 Φ25mm 的小孔，把导爆索两端分别插入孔内，用胶布固定好。在药卷的左端装入起爆雷管，起爆后爆轰波沿药包自左向右传播，首先到达 A 点，立即引爆导爆索的左端，使爆轰波沿导爆索传播。与此同时，爆轰波继续沿药包传播，经过一定时间到达 B 点，立即引爆右端导爆索。这样一

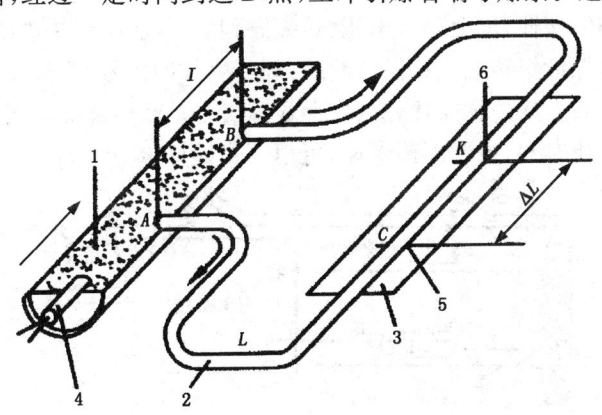

图 2-5 导爆索法测爆速装置

1—被测炸药；2—导爆索；3—铅(或)铝板；4—雷管；
5—导爆索中点；6—爆轰波相遇点

来,沿导爆索两端相向传爆的爆轰波,必将相遇于中心点 C 的右边 K 点,该点受到两爆轰波的叠加作用,爆痕较为明显。据此可得如下方程(2-1):

$$\frac{L/2+\Delta L}{D_索}=\frac{I}{D}+\frac{L/2-\Delta L}{D_索} \qquad (2-1)$$

简化后得 $D=D_索 I/2\Delta L$,将 $I=200\text{mm}$ 代入得

$$D=100D_索/\Delta L$$

式中: D——炸药爆速,m/s;

$D_索$——导爆索爆速,m/s;

L——导爆索长度,mm;

I——AB 长度,mm;

ΔL——K 点至导爆索中点长度,mm。

(2) 电测法

目前较常用的是示波器测定法和数字爆速仪测方法,如图 2-6,它们都是利用炸药爆轰产物的电离作用。起爆前在药包的两个点上插入探针,加上一定电压,爆轰波到达瞬间,由于爆轰的作用,原断路探针短路或短路探针断路,即产生脉冲讯号。开门关门使仪器记下两点间的脉冲数在仪器上显示出来。已知长度 i,测出爆轰波的传播时间,被测炸药爆速,可用下式计算:

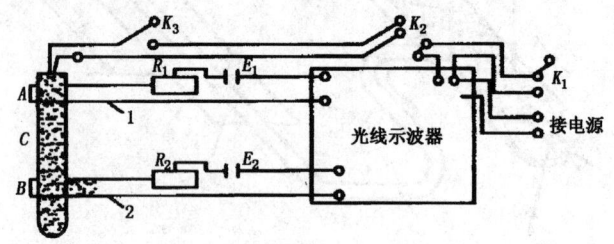

图 2-6 光线示波器测爆速示意图
K_1,K_2,K_3—开关;E_1,E_2—电池;R_1,R_2—电阻;C—被测炸药卷

$$D=i/t(\text{m/s}) \qquad (2-2)$$

式中：i——两探针的距离，m；

t——爆轰波从 $A \to B$ 的时间，s。

4. 聚能效应

某特定装药形状（如锥形孔、凹穴）可使炸药能量在空间上重新分配，大大地加强了某一方向的局部破坏作用，这种现象称为聚能效应。能产生聚能效应的装药称为聚能装药，而其特定的装药形状如锥形孔、凹穴等，称为聚能穴，如雷管的底部凹槽等。

聚能装药爆炸时爆炸气体产物向聚能汇集，在凹穴轴线方向上形成一股高速运动的强大射流，即聚能流。聚能流具有极高的速度、密度、压力和能量密度，并在离聚能穴底部一定距离达到最大值，因此其破坏作用增强。带有金属罩的聚能装药聚能效应更大。炸药爆炸时，它在聚能穴轴线上形成高速的金属射流，其速度每秒可达数千米甚至上万米，压力可达几兆帕，因此其破甲、破坏能力更集中。利用聚能药包可破碎大块，做成条形聚能药包可用

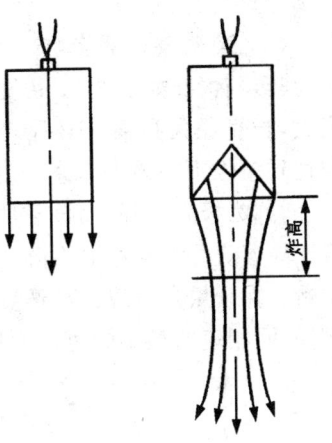

图 2-7 普通装药与聚能装药爆轰产物流比较

来切割钢板或其他金属板。在军事上广泛运用聚能效应制造破甲弹。炸药卷一头做成凹心，可提高其殉爆距离。石油勘探用的油井射孔弹等都是运用了聚能效应原理，见图 2-7。

5. 传爆

炸药起爆后，爆轰波能以最大的速度稳定传播的过程，称为理想爆轰。在一定条件下，炸药达不到理想爆轰，但可能以某一速度稳定传播爆轰波的过程，称为稳定传爆。

炸药在理想爆轰时,才能充分释放出最大能量。为了充分利用炸药的爆炸能,提高爆破效果,保障施工安全,必须保证炸药稳定传爆,争取达到理想爆轰。因此必须研究、分析影响炸药稳定传爆的诸因素。

(1)起爆能的影响　起爆能不足,激发不起炸药的化学反应或激发起的化学反应速度低,在传播过程中很快衰减,在这种情况下将出现炸药拒爆或爆轰中断现象。不同炸药,所需的起爆能不一样,因此,针对不同炸药,选择适当的起爆能,以保证炸药可靠起爆是十分重要的。

(2)装药直径的影响　前曾叙述了炸药的直径对爆速有影响,其影响情况如图 2-8。由图可见,装药直径增大时,爆速也相应变大,当直径大到某一值后,爆速增加不明显而趋于某一个定值,即达到条件下的最大爆速。使炸药爆速达到最大值所需最小装药直径,称为极限直径,而该条件下的最大爆速称为极限爆速。同样爆速随着直径的减小而下降,当装药直径小于某一值时,爆轰即将中断。保证爆轰波以最小速度稳定传播的起码装药直径称为临界直径,而相应的最小爆速称为临界爆速。

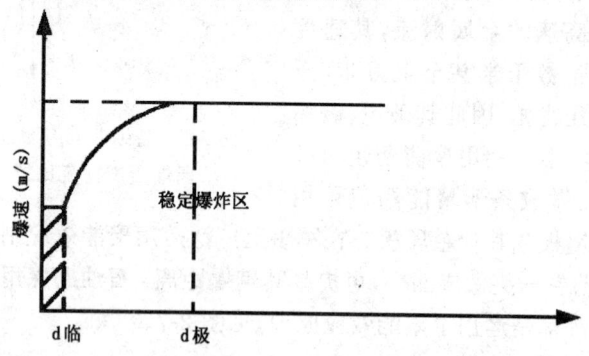

图 2-8　装药直径对爆炸稳定性的影响

不同的炸药,临界、极限直径、爆速各不相同。一般讲,单质猛炸药临界爆速为 2000～3000m/s,极限爆速为 6000～8000m/s。硝铵炸药的临界爆速为 1000~2000m/s,极限爆速为 4000~5000 m/s。

因此,在实际爆破中,要保证炸药稳定传爆,争取理想爆轰,则应保证装药直径大于临界直径,争取达到极限直径。但实际装药直径难于达到此极限值,故炸药的利用率较低。

(3) 装药密度的影响　装药密度对传爆的影响,单质炸药和工业混合炸药表现不同。

在一定条件下,单质炸药的爆速与装药密度成正比。

在混合炸药中,爆速与密度曲线上存在着极限爆速,有如上述,在一定的条件下爆速 D 随装药密度 ρ 的增大而提高,但由于混合炸药化学反应区中存在着二次反应,二次反应的阻力随炸药密度的增大而增大,所以当密度增大到一定限度时,化学反应速度下降,爆速也相应下降。这两方面作用的同时存在,对爆速产生综合的影响。

(4) 药包外壳约束条件的影响　药包外壳愈坚固,质量愈大,约束条件愈好,侧向的能量损失愈少,传爆愈好。当药包直径 $\Phi > d_{极}$ 时,外壳的影响就不明显。

(5) 径向间隙的影响　不同炸药径向间隙对传爆的影响也不同,它可能对单质高感度猛炸药的传播有利,而对于低感度工业混合炸药可能不利,甚至使爆轰中断。径向间隙的这种影响作用,称为径向间隙效应或简称间隙效应。

径向间隙对炸药爆速的不同影响与上述炸药密度对爆速的影响机理相同。炸药爆炸后,由于径向间隙的存在,孔中的空气冲击波超前于爆轰波,对未爆炸药进行压缩,使炸药密度提高而影响未爆炸药的爆速。

(6) 炸药颗粒的影响　工业混合炸药爆轰中存在二次反应,因此组分颗粒小,混合均匀,有利于爆轰的传播。感度低的成分其粒度应小于感度高的成分的粒度,才有利于二次反应。然而当药卷直径大于或等于极限直径时,炸药粒度的影响就不明显了。

（三）炸药的安全性

炸药的安全性指炸药在长期贮存中，保持原有物理化学性质的能力。保持其物理性质不变的能力叫物理安定性，保持其化学性质不变的能力叫化学安定性。

严格说，炸药从化学体系上来看，属于不安定的物质，即使在正常的保管条件下，因受到温度、湿度、阳光的照射以或大或小的速度进行分解。安定性好的，引起分解过程较困难，通常开始分解时很慢而不显著，以后渐渐加速，甚至产生爆炸。

研究炸药的安定性对制造、使用、贮存有实际意义。

物理安定性主要指炸药的吸湿性、挥发性、可塑性、机械强度、结块、老化、冻结、收缩等一系列物理性质。物理安定性的大小，取于炸药的物理性质。如黑火药和硝铵炸药容易吸湿受潮，掺有食盐的煤矿炸药也易吸湿变质，能使爆炸性能急剧下降，严重时甚至失去爆炸能力。吸湿后的炸药易结块，受压后也易结块，结块也会降低或丧失其爆炸能力。

炸药化学安定性的大小，取决于炸药的化学性质（即化学物本身结构的强度、反应的能力等）及常温下其化学分解速度的大小，特别是取决于贮存温度的大小。黑火药、梯恩梯、硝氨类炸药化学性质比较稳定，正常条件下可以长期贮存而不易改变其性能。

第四节　常用工业炸药

一、炸药的分类

被称之为炸药的物质很多，炸药的分类方法也很多。目前尚没有统一的分类方法。常见的且较合理的分类法有两种，即按用途分为：起爆药、猛炸药、火药和烟火剂等四类。按炸药的组成分为：单体炸药如梯恩梯、黑索金、奥克托金、太安、硝化甘油等和混合炸药。常用工业炸药是指混合炸药，特别是以硝酸铵为主要氧化剂的炸药,是现代工业炸药的主体。

二、硝铵类混合炸药

硝铵类炸药是以硝酸铵为主要成分的混合炸药。到20世纪50年代中期,大规模发展铵油炸药和含水炸药的巨大成就,充分显示了这类炸药的优越性和生命力。直至今天,粉状硝铵炸药在国内外使用量仍占着很大比例,硝酸铵仍然作为混合工业炸药主要的甚至唯一的氧化剂组分,原因是它具有一系列突出的技术经济优点:①硝酸铵(NH_4NO_3)的化学组成决定了它在炸药的爆炸反应中可以全部转化为能有效作功的气体产物,这是其他硝酸盐和氯酸盐所不及的;②可以从空气中取原料,通过化学合成制得,因而不受原料来源的限制;③制造工艺可采用大规模现代化生产方式,因而成本低;④除了吸湿性大外,它的大部分技术性能都较为理想,包括有良好的工艺性、较低的危险性和良好的爆炸反应性能。

硝铵类炸药的性质,主要取决于硝酸铵。为达到各种不同爆破目的和适应不同爆破条件的要求,通常加入一些敏化剂、可燃剂、疏松剂、消焰剂等。这类炸药是我国爆破工程中用量最大,且价格低廉的一类炸药。目前常用的有:铵梯炸药、铵油炸药、铵松蜡及煤矿炸药等。

(一) 铵梯炸药

铵梯炸药由硝酸铵、梯恩梯和木粉三种成分组成。硝酸铵为氧化剂,梯恩梯为敏化剂兼还原剂,木粉也是还原剂并起松散和防止炸药结块的作用。

1. 梯恩梯(TNT)

梯恩梯有苦味和毒性,吸湿性很小,几乎不溶于水,可用于水中爆破。它在常温下不会自行分解,180℃以上时才会明显分解。

梯恩梯作为可燃剂和敏化剂,它具有:

(1) 良好的爆炸性能,起爆力强,爆炸威力高,机械感度较低。

（2）良好的理化性能，在长期贮存中性能稳定，理化安定性好，但注意不要与碱接触和受阳光照射。

（3）它与硝酸铵有很好的相容性。

（4）有良好的工艺性能，破碎和熔化铸造都很方便。

（5）生产流程已实现了自动化或半自动化，生产规模大，效率高，加之原材料来源广，故可大量供应且销售价格较低。

2. 木粉

木粉在铵梯炸药中主要起松散剂作用。木粉具有吸湿性，在一定湿度条件下，吸湿很快达到饱和，饱和后基本不再吸湿。铵梯炸药用的木粉应以干燥、含脂多和松散性强的为好。

3. 食盐

食盐不起爆破反应，它主要起消焰作用，在有瓦斯和矿尘爆炸危险的矿井中使用含食盐的炸药，有利于安全。

根据爆破工程的环境及应用条件，常见的铵梯炸药有：露天炸药、岩石炸药、煤矿安全炸药等。

铵梯炸药外观为淡黄色粉末，药卷密度一般在 $0.85\sim1.1g/cm^3$ 之间，威力为 $240\sim350ml$，猛度为 $8\sim13mm$，爆速在 $2400\sim5100m/s$ 之间。它是工业炸药中比较安全的一种。

炸药机械感度低，用步枪子弹作射击试验不引起爆炸。

各种铵梯炸药均易溶于水，在空气中易吸湿，具有潮解性和结块性。在有潮气的地方保存时，炸药中的硝铵能分解出氮，而氮与TNT作用可生成敏感度很高的爆炸化合物。所以在贮存及保管时应采取防潮措施，水分大于 0.5% 的铵梯炸药，一般不能在井下使用（爆炸时有毒气体增多）；水分超过 1.5% 时，不应在露天矿使用。水分高的炸药，需经过干燥，加工后才能使用。

铵梯炸药在适当条件下保存时，不会失去爆炸性能，保用期4～6个月。

铵梯炸药的热、冲击和起爆感度，决定于所加敏化剂和可燃剂成分的多少。

工程爆破中常用的几种铵梯炸药列于表 2-8。

表 2-8 常用铵梯炸药的成分和性能

成分与性能		岩石炸药			露天炸药		
		1号	2号	新2号	1号	2号	3号
成分/%	硝酸铵	82±1.5	85±1.5	87.5±1.5	82±2	86±2	88±2
	梯恩梯	14±1	11±1.0	7.0±0.7	10±1	5±1	3±1
	木粉	4±0.5	4±0.5	4.0±0.5	8±1	9±1	9±1
	复合油			1.5±0.2			
	复合添加剂(外加)			0.1±0.005			
性能	水分(%)不大于	0.3	0.3	0.3	0.5	0.5	0.5
	威力(ml)	350	320	320	300	250	230
	猛度(mm)	13	12	≥12	11	7	5
	殉爆距离(cm)	6		≥5	4	3	2

铵梯炸药具有足够的爆炸威力、安定性好、原料来源广、成本低等主要优点,因而是我国各种爆破工程中较普遍使用的炸药。但铵梯炸药易吸湿和结块,不能用于涌水量大的爆破工作面。

铵梯炸药一般有药卷(筒)和散装两种包装形式。药卷外径有 32mm、35mm、38mm 三种,相应的重量为 150g、200g、250g;散装有中包和大包两种,中包净重 2~8kg,大包为 10~40kg。各种包装的炸药包装后都要浸防潮剂。

(二)铵油炸药

其组分为硝酸铵和柴油。硝酸铵是铵油炸药的氧化剂,柴油是还原剂。由于铵油炸药不含敏化剂,为改善炸药爆炸性能,一般采用轻柴油来配制铵油炸药。因轻柴油的热值高,合适的粘结性能与硝酸铵均匀混合,易于渗透到硝酸铵颗粒的内部,使炸药颗粒内外的氧平衡值一致。这有利于使爆炸反应完全,提高炸药的爆炸威力。

铵油炸药的成分配比是按零氧平衡来确定的。按零氧平衡时的柴油量为5.5%,但在正常生产中实际均采用6%的加入量。这是考虑到从加工、储存到应用的整个过程中,会有各种损耗和挥发的情况,而须增加一定的补充量。

从20世纪60年代以来,铵油炸药能得到迅速推广和发展,其主要原因是:

1. 由于多孔粒状硝酸铵能使铵油炸药在生产方式和性能两个方面均有很大突破,从而迅速成为生产铵油炸药的主要原料。

2. 炸药的制造从以往的专业工厂生产改为应用单位自行制造、使用,使成本更为降低;生产方式灵活,对于用量较少的单位,可采用简单的人工法生产,而用量大的即可采用现场机械化连续混制。个别情况下,在短时期内要求提供较多产品时,可采用大型轮碾设备(如经改造的压路机)混制。

3. 由于铵油炸药的感度低、危险性小及多孔粒状硝酸铵具有良好的吸油性和流散性,为机械化装药创造了条件,从而解决了采掘工业中整体机械化方面长期没有解决的一个薄弱环节。

4. 在干孔中使用时,可采用无包装装药方式,能提高装药密度,从而提高炮孔利用率和爆破效果,改善爆破质量。

5. 原材料的成本低,它不含梯恩梯,成分简单,加上就地生产就地使用,其运输、贮存直至装药等费用较少,所以其综合技术经济指标明显优于其他炸药。

然而,铵油炸药也有其特点,抗水性差,易吸潮、结块,爆速和猛度较低。因此,它不宜用于水孔和硬岩爆破,多用于干孔和中硬以下岩石中。

(三) 铵松蜡与铵沥蜡炸药

铵油炸药不抗水和起爆感度低的缺点,限制了其使用范围。为弥补铵油炸药抗水性差的不足,采取在炸药中加入憎水性物质,以提高抗水能力。

这种憎水物质中,最常用的是沥青、石蜡、硬脂酸及其盐类(钙盐、钠盐等),以及从植物中提取的蜡、脂类物质。也可采用合成树脂(如聚丙烯)等来实现硝酸铵的防水。

铵松蜡炸药由硝酸铵、木粉、松香和石蜡等组成。有时还添加少量的柴油。

炸药中的松香与石蜡既是还原剂又是憎水剂。松香的熔点高,在轮辗机热混的常用温度条件下,它不能熔化,因此它以微粉形式粘附在其周围。而石蜡的熔点低(48~60℃),它以熔化的形式在硝酸铵颗粒的表面上包上一层憎水膜,因此它既提高了炸药的抗水、防结块能力,又能延长贮存期和改善爆炸性能。

铵沥蜡炸药,用沥青代替松香,作用原理大致相同。

这类炸药的性能与 2#岩石炸药相接近,且贮存期可达半年至 1 年,贮存后的猛度值仍达 12~14mm,殉爆为 4~7cm,其有毒气体量由于配方不甚合理,据一些分析测定均高于 2#岩石炸药。因此在井下使用时,要注意加强通风。

(四) 含水硝铵类炸药

为了解决硝铵炸药不抗水的问题,经过长期研究探索,终于寻找到了在炸药中加入一定量的水作为炸药成分之一,开辟了以水来改善炸药的爆轰性能和抗水性能的新途径。

从它主要以硝酸铵为氧化剂这点看,仍属于硝铵类炸药的一大系列,但它与上述粉状硝铵炸药品种系列比较,具有自己的特殊性能和独立性。

含水炸药经历了含单质炸药的浆状炸药、不含单质炸药的乳化炸药等几个发展阶段,产品品种逐渐增多,很有发展前途,今后可能成为工业炸药的主体。

1. 浆状炸药

浆状炸药与硝铵炸药最大的差异是它的组分中含有 10%~20%的水。

敏化剂是保证浆状炸药具有足够敏感度的必要组分。按所用敏化手段的不同,浆状炸药可分为两大类:

(1) 用敏化剂敏化的浆状炸药。其中有含 TNT 硝化甘油的,有含铝、镁等金属粉末作敏化剂的,有含硫、硬沥青、炭粉、柴油等可燃物的浆状炸药等。

(2) 敏化气泡浆状炸药。炸药中均匀分布着许多微小气泡,以提高感度的作用。

胶凝剂是使浆状炸药各组分胶结成一体的药剂。只有良好的胶凝才能避免分子层离析,使炸药性能保持稳定。

浆状炸药的特点:

这种炸药的主要优点是:

(1) 炸药密度高($1.40\sim1.55g/cm^3$),相应装药密度也高。

(2) 威力大,其体积威力为铵油炸药的 $1.5\sim2.5$ 倍,爆压是铵油炸药的 $5\sim8$ 倍。

(3) 抗水性强,可用于 $10\sim15m$ 水深的爆破作业。在水深 15m 处浸 36h 仍可保持其爆炸性能。

(4) 装药操作方便,可作为流体进行泵送。

其缺点:

(1) 成本通常高于铵油炸药。

(2) 起爆感度低,不能用 8#雷管和普通炸药起爆。其临界直径大,传爆性能差。

2. 水胶炸药

水胶炸药是 20 世纪 70 年代发展起来的一种新型抗水硝铵类炸药,它与浆状炸药没有严格的区别,目前我国把以甲胺硝酸盐这种水溶性物质作为敏化剂的浆状炸药称为水胶炸药。

(1) 水胶炸药的组分　通常由氧化剂、水、可燃剂、敏化剂、粘结剂、交联剂和固体添加剂等组成。

1) 氧化剂:主要为硝酸铵和硝酸钠。所用的硝酸钠不许含有硼,否则会影响炸药质量。

2) 敏化剂和可燃剂:水胶炸药中,使用甲胺硝酸盐作敏化剂和可燃剂。

3) 凝胶体系:它是水胶炸药的关键,水胶炸药抗水、防冻及爆轰等一系列性能很大程度上取决于炸药的凝胶体。

（2）水胶炸药的性能 密度为 1.1～1.25g/cm³，爆炸性能优于浆状炸药。

1）爆速：当药卷直径为 32mm 时，爆速为 3500～3700m/s；装药直径为 40mm 时，爆速可达 3500～4000m/s；装药直径达 80mm 时，爆速为 5000～5200m/s。

2）起爆感度：一般可用 8#雷管直接起爆。

3）殉爆距离：大于 7cm。

4）威力：大于 330ml。

水胶炸药具有较强的抗水能力，爆炸威力（特别是破碎硬岩）的效果优于 2 号岩石、铵松蜡炸药，所以成为抗水硝铵炸药的重要发展方向之一。

3. 乳化炸药

乳化岩石炸药，又名乳胶炸药，呈乳脂状，是在水胶炸药的基础上发展起来的一种新型含水炸药。

乳化炸药是通过乳化剂的乳化作用，使原来互不相容的油水两种物质，在大量无机盐存在的情况下形成的一种油包水型乳胶。这种油包水型结构使乳化炸药具有良好的抗水性能和爆炸性能。它主要由氧化剂、敏化剂、可燃剂、油包水型乳化剂和其他添加剂组成。使用保证期为 4 个月至 1 年。岩石乳化炸药的组成和性能见表 2-9。

表 2-9 乳化岩石炸药

组 成 和 性 能		配方Ⅰ	配方Ⅱ
组成	硝酸铵(%)	55～65	55～70
	硝酸钠(%)	8～15	10～16
	水(%)	8～15	8～13
	可燃剂(%)	1～4	4～6(矿物油-B)
	乳化剂(%)	1～4	0.8～1.2
	稳定剂(%)	1～3	1～3
	消焰剂(%)		1～4
	密度调节剂(%)	1～4	1～3(珍珠岩)
	其他(%)	2	

续表

组成和性能		配方 I	配方 II
性能	药径(mm)	35	35
	密度(g·cm³)	0.95～1.25	1～1.25
	爆速(m·s⁻¹)	3800～4100	—
	爆力(ml)	306.4	280～300
	猛度(mm)	15～17	16～18
	殉爆(cm)	8～14	3

岩石乳化炸药具有爆炸性能好,爆轰感度高,抗水性能强,爆炸后生成有害气体少,制造、贮存、运输和使用安全,密度大且可通过调节密度来调节炸药的威力,原料来源丰富等优点,但尚需进一步提高炸药的稳定性、抗冻性,延长贮存期,降低成本,使品种系列化。

乳化炸药的性能：

爆炸性能与2号岩石炸药相当。其优点是：生产的工艺简单,劳动条件好,原材料来源广,成本低；具有很强的抗水性(曾将产品置于水深1m,25天仍具有雷管感度)；其机械、热、火焰感度都比较低,因此生产、运输、贮存、使用等均比较安全；密度为1.15～1.45g/cm³时爆炸威力大；当配比和工艺合理时,其贮存期可达半年以上。

乳化炸药适用于无瓦斯、矿尘爆炸危险的矿井、露天和井下等爆破工程。

当组分中加入铝粉,可增加炸药能量。

第五节　煤矿安全炸药

在很多矿井中,常有可燃性气体和矿尘。如沼气(甲烷)和其他碳氢化合物、氢气、硫化氢、一氧化炭、煤尘、硫磺尘、黄铁矿尘等。它们与空气混合达到一定浓度时可形成爆炸性气体(或粉尘)。在这些矿井中进行爆破作业时要使用安全炸药,以免引起可燃气体和矿尘的燃烧和爆炸。

一、煤矿安全炸药的特点

煤矿安全炸药简称为煤矿炸药。它必须具备下列特点：

1. 能量要有一定的限制，其爆热、爆温、爆压和爆速均要求低一些，使爆炸后不致引起矿井大气的局部升温和避免达到瓦斯的发火点。

2. 要有较高的起爆感度和较好的传爆能力，以保证其爆炸的完全性和传爆的稳定性。

3. 不能含有金属粉末，爆炸后不应生成未起反应的炽热粒子，消除瓦斯被直接点燃的条件。

4. 有毒气体生成量应符合国家规定，为此炸药的氧平衡就应接近零氧平衡，避免二次火焰的产生和氧化氮的生成，因为氧化氮不仅比一氧化炭的毒性大，而且对瓦斯氧化反应起催化作用。

为了使炸药具有上述特性，通常在煤矿安全炸药中添加一定量的消焰剂——食盐、硼砂、氯化钾、海藻粉等物质。这些消焰剂对沼气—空气混合物的氧化燃烧反应起负催化作用，从而阻止了甲烷—空气混合物的爆炸。此外，消焰剂是热容量大的物质。在爆炸时，它能吸收炸药的部分爆热，而降低炸药的爆温，起到阻止矿井内空气局部升温的作用。

在各种消焰剂中，以氟化物(如 CaF_3，NaF 等)最好，食盐($NaCl$)次之。因食盐的来源广，价格低，故被广泛采用。

二、煤矿安全炸药的品种

煤矿井下常用的炸药有：岩石铵梯炸药(包括抗水岩石铵梯炸药)，煤矿铵梯炸药(包括抗水煤矿铵梯炸药)，含水炸药中的水胶岩石炸药和水胶煤矿炸药，乳化岩石炸药和乳化煤矿炸药。此外，还有在高瓦斯矿井和煤与瓦斯突出矿井中使用的被筒炸药和离子交换炸药以及适用于坚硬岩石的粉状高威力炸药。有关岩石类炸药已在前面介绍了。

三、煤矿许用炸药分级与选用

(一)煤矿许用炸药分级

原煤炭工业部标准 MT-61-82 中对煤矿许用炸药按其瓦斯等级分为5级。5级炸药的合格标准是：

(1) 1级煤矿许用炸药：用于低瓦斯矿井(相对瓦斯涌出量≤10m³/t,绝对瓦斯涌出量＜40m³/min)。炸药量100g发射白炮检定合格。

(2) 2级煤矿许用炸药：一般可用于高瓦斯矿井(相对瓦斯涌出量＞10m³/t,绝对瓦斯涌出量≥40m³/min)。炸药量150g发射白炮检定合格。

(3) 3级煤矿许用炸药：一般可用于煤(岩)与瓦斯(二氧化碳)突出的矿井。炸药量450g发射白炮检定合格或炸药量150g悬吊检定合格。

(4) 4级煤矿许用炸药：炸药量250g悬吊检定合格。

(5) 5级煤矿许用炸药：炸药量450g悬吊检定合格。

(二)煤矿许用炸药的合理选用

根据《煤矿安全规程》的规定,井下所使用的煤矿许用炸药应由矿总工程师按矿井和爆破工作面所处区域的瓦斯等级合理选用,并符合下面的规定：

(1) 低瓦斯矿井的岩石掘进工作面,必须使用安全等级不低1级的煤矿许用炸药。

(2) 低瓦斯矿井的煤层采掘工作面必须使用安全等级不低于2级的煤矿许用炸药。

(3) 高瓦斯矿井、低瓦斯矿井的高瓦斯区域,必须使用安全等级不低于3级的煤矿许用炸药。有煤岩与瓦斯突出危险的工作面,必须使用安全等级不低于3级的煤矿许用含水炸药。

(4) 不得使用冻结或半冻结的硝化甘油类炸药。

四、煤矿铵梯炸药的品种及适用条件

煤矿铵梯炸药的品种有用于无水炮眼的 2 号和 3 号煤矿铵梯炸药,用于有水炮眼的 2 号抗水和 3 号抗水煤矿铵梯炸药以及被筒炸药等 5 个品种。其对瓦斯的安全性按 2 号、3 号、被筒炸药的顺序递增,爆炸威力则按此顺序递减;2 号和 2 号抗水煤矿铵梯炸药属于 Ⅰ 级安全炸药,可用于低瓦斯矿井中的岩石掘进工作面,3 号和 3 号抗水煤矿铵梯炸药属于 Ⅱ 级安全炸药,可用于低瓦斯矿井中的煤层采掘工作面,被筒炸药可用于高瓦斯矿井和煤与瓦斯突出矿井。

国产煤矿铵梯炸药的品种、组成、性能和爆炸参数见表 2-10。

表 2-10 国产煤矿铵梯炸药

组成和性能		炸 药 品 种			
		2 号煤矿铵梯炸药	3 号煤矿铵梯炸药	2 号抗水煤矿铵梯炸药	3 号抗水煤矿铵梯炸药
		AM Ⅰ-2	AM Ⅱ-3	AM Ⅰ-2(K)	AM Ⅱ-3(K)
组成	硝酸铵(%)	71±1.5	67±1.5	72±1.5	67±1.5
	梯恩梯(%)	10±0.5	10±0.5	10±0.5	10±0.5
	木 粉(%)	4±0.5	3±0.5	2.2±0.5	2.6±0.5
	食 盐(%)	15±1.0	20±1.0	15±1.0	20±1.0
	沥 青(%)	—	—	0.4±0.1	0.2±0.05
	石 蜡(%)	—	—	0.4±0.1	0.2±0.05
性能	水分≤(%)	0.3	0.3	0.3	0.3
	密度(g·cm^{-3})	0.95~1.10	0.95~1.10	0.95~1.10	0.95~1.00
	猛度≥(mm)	10	10	10	10
	爆力≥(ml)	250	240	250	240
	殉爆(cm) 浸水前≥	5	4	4	4
	浸水后≥	—	—	3	2
	爆速(m·s^{-1})	3600	3262	3600	3397

续表

组成和性能		炸药品种			
		2号煤矿铵梯炸药	3号煤矿铵梯炸药	2号抗水煤矿铵梯炸药	3号抗水煤矿铵梯炸药
		AMⅠ-2	AMⅢ-3	AMⅠ-2(K)	AMⅢ-3(K)
爆炸参数计算值	氧平衡率(%)	+1.28	+1.86	+1.48	+1.12
	比容(L·kg^{-1})	782	735	783	734
	爆热(MJ·kg^{-1})	3.3243	3.0606	3.3201	3.1443
	爆温(℃)	2230	2056	2244	2098
	爆压(Pa)	3.3061×10^5	2.7145×10^5	3.3061×10^5	2.94378×10^5

注：1. 殉爆距离测定时，浸水深度为1m，浸水时间为1h；
   2. 型号中字母意义：M——煤矿许用型(表示适用性)；Ⅰ、Ⅲ——一级、二级(表示安全级别)。

五、煤矿许用型水胶炸药和乳化炸药

煤矿许用型水胶炸药和乳化炸药的组成成分、加工过程与上述同类岩石炸药基本相同，只是在组成成分中加入一定量的食盐、大理石粉、氟化钙和氧化钾等消焰剂。煤矿许用含水工业炸药的组成、性能及爆轰参数计算值见表2-11。

表2-11 煤矿许用型含水工业炸药的组成、性能与爆轰参数计算值

组成、性能与爆轰参数计算值		炸药名称				
		一级煤矿许用水胶炸药	二级煤矿许用乳化炸药	三级煤矿许用水胶炸药	三级煤矿许用乳化炸药	四级煤矿许用乳化炸药
组成	MMAN(%)	25~30	—	30~32	—	—
	硝酸铵(%)	28~32	70~74	28~30	56~60	55~57
	硝酸铵(%)	14~16	15~17	12~13	15~17	19~21
	田菁粉(%)	0.8~1.2	—	0.7~0.9	—	—
	矿物油(%)	—	4~5	—	3~4	3~5
	氯化铵(%)	5~7	4~6	—	6~7	3~5

续表

组成、性能与爆轰参数计算值		炸 药 名 称				
		一级煤矿许用水胶炸药	二级煤矿许用乳化炸药	三级煤矿许用水胶炸药	三级煤矿许用乳化炸药	四级煤矿许用乳化炸药
组成	食盐(%)	4～6	—	—	2～4	—
	氯化钾(%)	—	—	—	—	3～5
	氯化钙(%)	—	—	—	3～5	7～9
	大理石粉(%)	—	—	13～14	—	—
	水(%)	10～12	11～13	11～13	10～11	9～11
	Span-80(%)	—	1～2	—	1～2	1～2
	M-201(%)	—	0.4～0.6	—	0.4～0.6	0.4～0.6
	Tween-80(%)	0.1～0.3	—	—	—	—
	氟化蛋白(%)	—	—	0.1～0.2	—	—
	亚硝酸钠(%)	0.2～0.3	—	—	—	—
	膨胀珍珠岩(%)	1～3	2～4	2～4	5～7	5～7
	化学交联剂(ml·kg^{-1})	1.1～13	—	1.1～1.3	—	—
性能	密度(g·cm^{-3})	0.95～1.05	1.05～1.15	0.98～1.06	1.05～1.15	1.05～1.15
	猛度(mm)	—	10	—	10	10
	爆力不小于(ml)	—	240	—	240	240
	殉爆(cm)	4	2	2	2	2
	爆速不小于(m·s^{-1})	2500	2500	2500	2500	2500
	瓦斯安全性能	发射白炮 100g 0/5	发射白炮 150g 0/5	发射白炮 450g 0/5	发射白炮 450g 0/5	悬吊 250g 0/5
	抗水性能	在 0.98×10^{5}Pa 水中浸泡 2h，用一发 8 号雷管完全起爆	在 1.74×10^{5}Pa 水中浸泡 8h，殉爆距离不小于 2cm	在 0.98×10^{5}Pa 水中浸泡 2h，用一发 8 号雷管完全起爆	在 1.74×10^{5}Pa 水中浸泡 8h，殉爆距离不小于 2cm	在 1.74×10^{5}Pa 水中浸泡 8h，殉爆距离不小于 2cm

续表

组成、性能与爆轰参数计算值		炸药名称				
		一级煤矿许用水胶炸药	二级煤矿许用乳化炸药	三级煤矿许用水胶炸药	三级煤矿许用乳化炸药	四级煤矿许用乳化炸药
爆轰参数计算值	氧平衡(%)	+0.07	+0.05	0	+0.086	+0.2
	比容(L·kg^{-1})	841	877	815	790	740
	爆热(MJ·kg^{-1})	3.39	3.39	3.06	3.31	2.84
	爆温(℃)	2229	2212	1538	2091	1906

六、被筒炸药

被筒炸药是以 2 号煤矿铵梯炸药的药卷做药芯，装入直径为 42mm 的石蜡纸筒内，在药卷与纸筒间填满粉状食盐，再封口成单个药卷。其消焰剂含量可高达药芯重量的 50%，既提高了安全性，又解决了加盐后降低爆炸性能和爆轰不稳定的矛盾。

被筒炸药爆炸时，被筒内的食盐变成一层细粉状的帷幕，将爆炸点笼罩起来，使之与瓦斯隔离，具有相当高的安全性，可用于高瓦斯矿井或煤与瓦斯突出矿井中。

安全被筒品种较多，分为惰性被筒与活性被筒，惰性被筒由非爆炸性的材料制成，有刚性被筒、半刚性被筒、软性被筒、粉状被筒和液体被筒等品种，活性被筒由消焰剂和具有爆炸性材料制成。被筒炸药工艺比较复杂，工序较多，药卷直径大，容易吸潮，装药时被筒易破裂，药包之间不易传爆，只用于爆炸堵塞的溜煤眼和煤仓，称为被筒爆破炸通煤仓。

七、离子交换炸药

它是以硝酸钠和氯化铵的混合物为主要成分，再加敏化剂硝化甘油而成的煤矿许用炸药，硝酸钠和氯化铵称为离子交换盐。在通常情况下，交换盐比较稳定，不发生化学变化，但在炸药爆炸的高温高压条件下,交换盐就会发生反应,进行离子交换,生成氯化钠和硝酸铵。在爆炸瞬间产生的雾状氯化钠,作为消焰剂,高度弥散在爆炸点周围,起到降低爆温和抑制瓦斯燃烧的作用,同时,生成的硝酸铵作为氯化剂继续参与爆炸反应。离子交换炸药是我国现有煤矿许用炸药中安全性最高的品种,特别适用于有煤与瓦斯突出危险的工作面。它具有较好的储存安全性、间隙效应小、低温($-20℃$)不会冻结等优点。炸药冻结或半冻结后感度高,运输和使用时要特别注意,尤其不要和酸、碱、油脂类杂物接触。

离子交换型煤矿炸药的质量标准见表2-12。

表 2-12　五级离子交换型煤矿炸药质量标准表

项　　目		数　　值
水分(%)		不大于 0.5
两层药卷纸交接处的油迹带宽度		不大于 5
殉爆距离(cm)		不小于 5
猛度(cm)		不小于 6
爆力(ml)		不小于 150
安全度(悬吊法)(g)		不小于 450
药卷密度($g \cdot cm^{-3}$)		0.95～1.10
贮存保证期限(月)		9
贮存保证期末	殉爆距离(cm)	不小于 5
	水分(%)	不小于 1.0

八、煤矿安全炸药的安全性

煤矿炸药的安全性是指在特定的条件下,炸药爆炸时对瓦斯的引爆能力。安全性低的炸药易引爆瓦斯,安全性高的则相反。一种炸药安全性的高低,通常是通过巷道试验的结果来鉴定的,用某个药量(g)爆炸的50%瓦斯引爆率或若干炮不引爆瓦斯的最大药量来表示。现在可用勃罗西登方法进行试验。此外还可用定性的比较炸药爆炸后火焰的长短来衡量其安全标准。这种方法是将炸药放入 $\Phi 55\times 530mm$ 的直立臼炮内,用雷管起爆,同时拍下爆焰的照片,从中标出火焰的长度。

煤矿安全炸药比非安全炸药的爆焰短,其中被筒炸药最短,说明食盐在炸药中,对炸药爆焰的持续时间确有明显影响。

第六节 黑火药

火药是我国最早的发明(距今已有两千多年),当时是唯一被应用的火药,它既是爆破用的炸药,又是起爆药。直到今天,还用黑火药开采花岗岩、大理岩等料石。在军事上,作导火索药、点火药和传火药、发射药、抛射药、延期药及枪炮弹、火箭筒、烟火器材等。据不同用途,可将它制成粒状、细粒状和粉状,它的优点是使用简单、灵活、威力小,能保持料石的完整性。

黑火药的主要成分为硝酸钾(KNO_3)、硫磺(S)和木炭混合而成。其中硝酸钾是氧化剂,反应时放出氧气供给可燃剂氧化燃烧用。硫磺为粘合剂和可燃剂,它除起可燃剂作用外,还可将其他组分均匀粘合,有利于火药的造粒,还能降低黑火药的吸湿性。它的燃点低于木炭,故可降低初始分解温度,使黑火药易于点燃,硫还能阻碍一氧化碳的生成。

黑火药的性能因成分配比不同而异,矿山用黑火药,有时用硝酸钠代替硝酸钾,但吸湿性强。

黑火药的性质:

1. 分解反应

黑火药在导火索和空气中的分解反应是以缓慢燃烧的方式来完成的,但在枪膛、炮膛内的燃烧则反应快速,而在密闭状态下,则表现为爆炸。

黑火药分解后既生成气体产物,也生成固体产物。

黑火药的燃烧性质与密度的大小有很大关系。当密度小于

1.65g/cm³时,燃烧不规则。燃速随密度的增大而降低。当密度达1.9g/cm³时,则有规律的按平行层燃烧,利用此特性,可将其作为延期药或发射药使用。

2. 感度

黑火药的撞击感度比 TNT 低。子弹的射击,大都能引起黑火药爆炸。它的摩擦感度很高,甚至在两块木板间的摩擦也会着火。对火花或火焰都很敏感,粉状黑火药可由电火花或其他物件撞击产生的火花点着。试验表明,它的火焰感度只比起爆药二硝基重氮酚略低。

冲击感度用 10kg 落锤由 25cm 高落下时 50%爆炸。45cm 落高时 100%爆炸。

爆发点 270~300℃(也有资料介绍 290~310℃)。

3. 安定性

只要不含过量的水,其化学和物理安定性都很高,可长期贮存而不变质,也不与金属起作用。虽然当温度高于 70℃时,会由于硫的挥发而改变黑火药组成,但温度高至 120℃时,组分间尚无化学反应。在潮湿的环境中,黑火药很快吸湿而变质,严重时甚至不能点燃。

4. 吸湿性

黑火药的吸湿性强,其吸湿速度和程度取决于黑火药的组成和环境的温、湿度。当其吸湿后,燃速减慢,水分含量大于 2%时,燃烧性能显著变坏;当水分含量达 15%时,就不能燃烧了。一般水分含量在 0.2%~0.3%时为最佳含水量。

第七节 燃烧剂与膨胀剂

近年来,为适应城市建设及贵重石材开采的需要而发展起来的燃烧剂和膨胀剂两个系列,前者在化学反应过程中不完全具备炸药爆炸的三个要素,即是说具备了反应过程大量放热和基本具备了反应过程的高速完成二条,但反应过程却不生成大量气体。而后者的反应过程则完全不具备爆炸的三个要素。因此,不能把这类药剂当作炸药看待,但它们确实是一种新型的破碎剂。

一、燃烧剂

1. 燃烧剂的特点

(1) 在孔内燃烧时,产生高温,但音响和震动较小。

(2) 操作方便,可用电和导爆管直接点燃起爆,使用安全。

(3) 防潮性好,贮存期长,运输安全可靠。

(4) 切割料石时,切割面整齐,且不损伤石料内部,适用于名贵石料的开采。

2. 成分组成

这种药剂通常由氧化剂和燃烧剂组成,它燃烧时为氧化还原反应,同时放出大量的热。如:

$$Fe_2O_3 + 2Al = 2Fe + Al_2O_3 + 197(kcal)$$

$$3MnO_2 + 4Al = 3Mn + 2Al_2O_3 + 420.3(kcal)$$

可作燃烧剂中的可燃剂成分有:铝(Al)、镁(Mg)、硅(Si)、碳(C)和铁(Fe)。可作氧化剂的有:Pb_3O_4、CuO、MnO_2以及氧酸盐和过氧化物等。例如,某厂的主装药和点火药组成的燃烧剂药柱,其主装药的配方为:$Al:KNO_3 = 30:70$,点火药为$S:Pb_3O_4:Sb_2S_3 = 18:72:10$。不管哪种配方,制配燃剂的主要原则是氧化剂与可燃剂要按零氧平衡配制。

某些作业条件,可不用工程雷管、导火索、导爆索引爆,而用电引火及点火药或导爆管来引爆。

3. 作用原理

由于药剂中不含炸药成分,爆破时靠高温起作用,作用过程可以认为是:药剂燃烧产生高温使炮孔受胀裂、拉伸力作用,从而达到切割破碎的目的。

4. 主要性能

目前国内生产的药剂,由于组分不同,性能差别也很大。

5. 应用范围

(1) 可用于城市改造、扩建中的清除废旧砖基础、障碍物,在人口稠密及有重要建筑物、设备和交通要道附近的爆破工程。

(2) 用于名贵石材的开采,有利于保护资源,提高成材率,提高经济效益。

(3) 用于某些特殊工程和特种军事工程。

6. 保管及安全注意事项

(1) 药剂为易燃品,贮存、保管及运输应根据易燃物品安全规定执行。注意防火、防潮,严禁与酸、碱及易燃易爆物品混放或运输。

(2) 布置炮眼时,炮眼的轴线方向应尽可能避开建筑物门窗及人员来往频繁的地方;爆破人员伫立位置必须避开炮眼轴方向。

(3) 用电药头点火时,检测电阻注意不能用大电流的仪器测量,以免发生意外。

(4) 严禁在易燃、易爆物品附近及有瓦斯、矿尘爆炸危险的矿井内使用。

(5) 残药或炮眼拒爆后,应及时处理,严禁打残眼。

二、膨胀剂

膨胀剂的反应速度比燃烧剂更慢。它对介质的破坏作用主要是靠它在反应过程中体积膨胀及由此产生的物理力学效应,它与爆炸引起的物理力学效应具有显著的差别。

(一) 原理

几乎所有的膨胀剂及其膨胀效应都基于氧化钙与水之间产生的化学反应。

$$CaO + H_2O = Ca(OH)_2 + 15.9 (kcal/kg)$$

由上述反应引起两个直接的物理现象:①释放一定量的热量;②反应前后密度发生变化,反应前 CaO 的密度为 $3.32 g/cm^3$,反应后 $Ca(OH)_2$ 的密度为 $2.23 g/cm^3$,相应的比容由 $0.3012 cm^3/g$,

增为 $0.44cm^3/g$,从而使单位重量物质的体积增加 46.7%,即发生了体积膨胀现象。

由于放热的速度缓慢,故热对介质不可能形成什么破坏作用,可见膨胀产生的物理力学效应是破坏介质的唯一能源。

要达到使周围介质(岩石或混凝土等)破坏和产生位移,必须满足膨胀作用引起的静态应力大于介质的某一项力学阻抗强度。对于岩石或混凝土,抗压强度大(几百 kg/cm^2),而抗拉强度小(通常各种岩石为 $40\sim70kg/cm^2$,各种混凝土为 $20\sim30kg/cm^2$),抗拉强度约为抗压强度的 $1/8\sim1/10$。

据统计,国内外所有膨胀剂达到的膨胀压力为 $300\sim500kg/cm^2$。

因此膨胀对岩石或混凝土等的破坏效应,主要是通过产生拉应力来克服它们的抗拉强度而起作用的。但不足以克服它们的抗压强度。

(二)配方和性能

1. 配方

由于保密原因,国内外膨胀剂的详细配比以及它们的制造工艺没有全部公开,故在此无法详述。但基本组分为:

(1)氧化钙 是膨胀剂的主要成分,有些还另加有 Al、Si、Fe 的氧化物。

(2)添加剂 其具体组分尚未公开,主要是有机添加剂和无机添加剂两部分。有机添加剂的作用是控制 CaO 与 H_2O 的反应速度,使膨胀剂以缓慢的方式进行,并在其本身充分硬化以后才发生膨胀作用,以保证对周围约束膨胀剂的介质产生破裂位移的力学效果。无机添加剂的作用,在可使膨胀剂添加水后的糊状流态混合物在规定时间内硬化,并达到一定强度,保证膨胀正常发生作用。

(3)水 是在使用时外加的,用量约为干膨胀剂的 25%~35%,具体根据制品配方而定。

2. 性能

不同成分的膨胀剂其产生的膨胀力、膨胀体积、作用延长时间也各不相同。

(1) 举国外一种"Y427无声破碎剂"为例：

1) 成分：用石灰系的无机化合物作主要成分，添加特殊的有机化合物组成。

把这种膨胀剂用25%～30%的水进行搅拌，由于和水反应，产生3000kg/m² 以上的膨胀压力将周围的介质胀裂。

2) 破碎机理：产生裂缝、裂缝传布、裂缝幅度增大。

3. 使用方法

一般孔径为30～60mm，孔距80cm，例如用10kg膨胀剂，先将2.5～3L的水倒入铁皮桶或其他类似容器内，然后把膨胀剂徐徐加入，同时用手工或工具进行充分搅拌成浆状，然后迅速(10～20min内)装入孔内，直装到孔口为止。经一段时间后，自行将介质膨裂或破碎。

(2) 国内膨胀剂的一般性能：

1) 膨胀力在一定时间内随着时间的延长而增长，各种不同配比的药剂，装填在直径为30～50mm的炮孔内，达到最大的膨胀力为200～500kg/cm²。

2) 膨胀容积，通过少量的测定得知，膨胀剂反应后容积可增加60%～120%。

(3) 作用时间　干态膨胀剂与水混合后达到最大膨胀力的作用时间，因加入添加剂的种类不同，可在几小时至数十小时的范围内变化，大多数控制在20～30h。同时，还与反应时的温度有关，温度高，反应速度快，作用时间可缩短。如有的膨胀剂，当18℃时，膨胀力达最大值的时间为40～50h；而温度为35℃时，则可缩短为10～20h。

膨胀剂装填的孔径越大，由于总装填量增加，增大了作用于孔壁的膨胀力。

(三) 操作和注意事项

干料加水搅拌必须在现场进行,搅拌后即使用,药剂依靠其自流性而密实地充满炮孔。必要时可用炮棍捣实。拌料向同一孔内装填不能相隔太长时间,更不准搅拌后存放,以免影响装填和失效,每次搅拌量不宜过多。搅拌操作和装填过程中要注意劳动保护。膨胀剂最初装入孔眼的一小时内,人员不要在被破碎体近处停留,以防喷出伤人。

搅拌时发生异常现象,如反应激烈或温升过快,应立即停止向孔内装填。

在有水的情况下或在水下施工时,不能按一般方法进行装填。药剂在贮存和运输过程中,严禁与水直接接触。

(四) 优缺点

1. 优点

避免了炸药爆破所带来的一切有害效应如冲击波、地震波、飞石、噪声、有毒气体、粉尘、未爆残药的危险性,而且整个操作不存在危险(即使发生喷溅,危险性也是很小的),对破裂范围以外的一切物体不会造成任何损害。在破裂过程中不影响周围环境内的一切活动。因此它在城市控制爆破及名贵料石的开采中,以及其他一些要求定型成缝破裂和高度安全地拆毁的工程中得到应用。

2. 缺点

只能应用在具有两个自由面以上的小体积的物体,因而钻孔的数量要求多,药剂使用量大;破碎的时间长,且难于掌握;成本高,与炸药相比,费用要成倍增加;受外界的因素影响较大,使用范围受到限制。

第八节 烟火剂、烟花、爆竹和礼花弹

一、烟火剂

烟火剂在燃烧(或爆炸)时有光、热、烟及声响效能。常用于军

事上和工业、运输、农业、摄影上等。在节日或举行庆典时烟火剂常被用作礼花、爆竹等。

烟火剂按其功用分为:(1)照明剂:如照明弹等用作夜间照明;(2)曳光剂:用途是为了看清枪、炮弹的飞行轨迹,并借此校准快速移动的射击目标;(3)信号剂:有白天和黑夜用信号弹(枪弹、榴弹等),用作远距离传递信号;(4)燃烧剂:做成燃烧弹,用于毁灭敌人的物质财富、攻击和防御器材,并可作杀伤敌人的有生力量;(5)发烟剂:制成烟幕弹供掩护、伪装时用,以利进攻和后退。

烟火剂的燃烧是一种氧化—还原反应,在这种反应中,一些成分(可燃物)被氧化,另一成分(氧化剂)则同时被还原。烟火剂通常为几种成分的机械混合物,主要成分为氧化剂和可燃剂以及一些具有专门用途的附加物,如火焰着色剂、啸声剂、钝感剂、胶合剂等。

常用的氧化剂有硝酸盐、氯酸盐、过氯酸盐和金属氧化物。常用的可燃剂有铝、镁、铁、硫、木炭(硫或三硫化二锑)、烃类、糖类等。钝化剂有树脂、石蜡、油类等用以降低药物的感度。粘合剂,主要是稠化粘药物,使药物成型,增加其机械强度,通常有松香、虫胶、干性油、蓖麻油、石蜡、聚乙烯等。

火焰着色剂可为火焰获得一定亮度的各种颜色,如锶盐(红光);钡盐(绿光);钠盐(黄光);铜盐(蓝光);镁、铝、硫化锑(白色)等。还可用调配方法得到各种颜色。

烟火剂的许多性能取决于各成分混合的均匀度。

对烟火剂的基本要求是:在使用时能得到最大的特种效应,能起到各种烟火剂所应起的效果。如曳光弹在飞行中要具有良好的能见度,烟幕剂要在很短时间内尽可能形成看不透的持久烟幕。

所有烟火剂在贮存、运输和使用中均应安全且能长期贮存而效能不变。制造烟火剂工艺应简单、安全。感度尽可能低,具有极小的爆炸性和均匀的燃烧性,燃烧反应的生成物中不含毒性物质。烟火剂成分来源广,价格低,不含稀有成分。

二、烟花、爆竹、礼花弹

在我国传统节日和盛大庆典时,都要燃放品种繁多的节日焰火,烟花、爆竹及各种礼花弹,这些都是烟火剂制品。

烟花是一种由燃烧、爆炸产生视觉效应(如各种色焰、烟和亮光)和听觉效应(如啸声、爆炸声)或二者兼有的并能按一定轨迹运动的中小型烟火剂制品;礼花弹则属于大型制品;爆竹则是一种产生声响并伴随闪光的小型烟火剂制品。

1. 烟花

是一种普及型节日观赏焰火。种类繁多,大致可分为:

(1) 地面和手持式烟花,如地面转子、悬空轮花、圆筒喷花以及各式各样纸质模拟式玩具喷花焰火等。

(2) 空中烟花,如航天火箭、飞弹式火箭、直升机、空中转子及运载火箭式的空中烟花,飞行至高空时每隔数秒钟能逐个推出多至10个焰火筒,以及带有底盘的发射筒式空中烟花,能将星光体、爆竹、啸声器、吊伞、灯笼等具有各种效应的装置抛射到空中。

2. 爆竹

为大家所熟知,在此略。

3. 礼花弹

是一种较为高贵供人观赏的大型烟火制品。我国礼花弹专制成圆球型,直径为5~20cm,也有25cm、30cm或更大的。其结构大体分为底座和弹体两大部分,底座上装有发射体(包括外点火具和发射药);弹体内装有黑火药类爆炸药、烟火部件、彩珠、星光体;发射体与弹体之间由内点火具连接。礼花弹是用金属或厚纸制成的白炮发射的。

燃放礼花弹时须注意以下几点:

(1) 燃放地点须平坦空旷,远离易燃易爆区域及高大建筑物,一般以广场或体育场为宜,或在离城数百米的船舶上最好。

(2) 炮位多少可根据燃放的品种、数量、时间等情况确定,炮位间应距离80～100m。

(3) 燃放人员须经专门训练,一般一个炮位需1名炮手。如要求6～10s发射一发时,可配备两人,如为电点火或遥控,每个炮位1人即可。

(4) 炮位与观众应距离200m以上。

(5) 炮位架应垂直向上,支架应均布插稳。

(6) 每个炮位连续发射数较多时,最好配两门炮,以便轮换冷却,可用凉水浇金属炮筒的外表面。

(7) 连续发射时如出现熄引(断火)、点火不着(电发火时),需立即停止发射,10min后方可把炮筒内的弹体取出。

运输礼花弹时要用专车,要轻搬轻放,避免震动、撞击、重压,严禁曝晒、雨淋、受潮。

储存保管时应放入专用危险品库;堆放不得超过10箱。仓库应通风干燥,防止虫蛀、鼠咬。要防火,防水,防潮。正常保管条件下,有效期为2年。

第三章 起爆器材及起爆方法

第一节 起爆器材

一、概述

(一)起爆器材的发展及现状

随着近代工业和我国国民经济的发展,工程爆破的大区化、多样化也不断发展起来,为适应这一发展的需要,起爆器材的品种也必须相应的发展,为适应各种特殊爆破及各种复杂条件下爆破作业的需要,必须研究和生产这些特殊的起爆器材。

我国黑火药的发明,开辟了爆破器材的途径。自1831年毕克佛尔特发明以黑火药为药芯的导火索(毕氏导火索),到1867年诺贝尔发明了火雷管,开始形成了最早的起爆系统——导火索起爆系统。而后,随着一次爆破量的不断增加,单靠这种简单的起爆系统满足不了生产发展的需要,于是出现了工业电雷管。由于工业电器化水平的不断提高,矿山的电器设备不断增加,电机车的广泛应用,以及炮孔机械化装药的发展和推广应用,由此而产生的杂散电流、静电及各种感应电等电信号对电力起爆系统的干扰,给电力起爆系统的应用带来了危险,使它的进一步推广使用产生了困难。为了克服各种电信号对电力起爆系统的干扰,我国20世纪70年代以来,起爆器材得到了迅速发展,先后出现了各种新型起爆器材,如抗杂电、抗静电雷管、抗电感应、防瓦斯、耐热、耐压电雷管以及各种非电起爆系统。国外20世纪70年代如瑞典发明了非电(NoNel)起爆系统;美国发明了普里马德特(Primadet)低能导爆索起爆系统,赫尔格德特(HeCadet)充气导爆管起爆系统;日本发明了无线起爆系统——超声波、电磁波遥控起爆系统。我国20世纪70年代末至80年代研制成功了导爆管起爆系统、电磁波遥控起爆系统、低能导爆索、无起爆药雷管等。无起爆药雷管的技术指标居世界领先地位,于1983年,该技术转让给瑞典诺贝尔公司,并在世界28个国家和地区申请了专利。

起爆器材的品种不断增加,且各种起爆器材逐步形成系列化、多样化,用户可根据不同爆破条件和爆破对象,灵活选择。自20世纪80年代以来,电和非电雷管向着段数多、延时精度高的方向发展。如瑞典VA毫秒电雷管达45个段别,总延时秒量2000毫秒,其雷管脚线2～20m,雷管的总电阻不变;半秒雷管有12个段别;NoNel起爆系统有30个段别,总延时秒量为2000ms。英国ICI公司毫秒电雷管有30个段别,总延时秒量845ms。日本30个段别,总延时845ms。我国80年代末研制成功了电毫秒雷管30个段别,总延时秒量有1600ms、1000ms和900ms等。这些雷管的技术指标已达到国际先进水平,其独特的优点是结构简单、原材料来源广、成本低,更适合我国国情使用。

早在20世纪80年代初期,我国就研究成功了电子毫秒雷管,每个段延期时间间隔为10ms,可实现100个段,总延时秒量为1000ms,其技术指标达世界先进水平。

导爆管非电起爆系统发展很快,除有瓦斯和粉尘爆炸的场所外,几乎应用于各种爆破工程。导爆管的年使用量达3亿m,其用量之多居世界首位。在起爆方法上,形式多样。起爆网路的联接方面,灵活多样,在一些特殊的爆破中,可采用孔内、孔外延期相结合,实现多段延时爆破,最高实现了一次爆破达324个段。

从起爆器材的发展趋势看,它将进一步朝着安全性好的导爆管起爆系统发展,并进一步研制适应各种环境条件下的爆破,如导爆管的强度更高,延时更精确的雷管新品种,同时发展抗电干扰能力强、可靠性高、成本较低的电子延期雷管和推广无起爆药雷管系列产品,逐步淘汰导火索和一些安全性能差的起爆器材。

(二)起爆器材的种类和基本要求

起爆器材的品种较多,据其作用可分为起爆材料和传爆材料两大类。各种雷管属于起爆材料。导火索、导爆索、导爆管属于传爆材料,继爆管、导爆索既可起起爆作用又起传爆作用,是两者的综合,这些材料在爆破作业中都不可少。

对起爆器材的要求是:安全可靠,使用简单、方便。具体为:

1. 具有足够的起爆能力和传爆能力。

2. 对环境有一定的适应能力,如能在一定的湿度、温度、压力等范围内应用。

3. 延期起爆器材,要求起爆时间准确,延时精度高。

4. 产品的化学安全性好,经得起运输、贮存的考验。

(三)起爆药

在过去的100多年来,人们一直把起爆药看成工业雷管的核心,甚至称之为雷管的主装药,直到20世纪80年代初,我国才首次在工业雷管中取消起爆药,研制成世界上最先进、最安全的无起爆药雷管。它已经并将继续在国内外推广应用。

1. 起爆药的特征

(1)感度高,在外界较小的初始能量如火焰、撞击、摩擦等作用下,即被激发并在极短的时间内发展为爆轰。

(2)爆炸开始后,在极短的时间内就可发展为稳定爆轰。

(3)在一定的约束条件下,爆轰后的爆轰能足以引爆大部分猛炸药。起爆能力用起爆药量来衡量。某种起爆药对某种猛炸药的极限药量是指引爆 $0.5g$ 猛炸药达到爆轰所需的最小药量。极限药量越小,表明起爆能力越强。

(4)大部分起爆药是吸热化合物,生成热为负值。

对于起爆药的要求,考虑到雷管生产、使用、运输和贮存的条件,对工业雷管的起爆药提出如下要求:

1)机械感度小,以利安全。

2) 化学安全性好,以利在一定条件下能经得起长期贮存而不变质,不与雷管管材起化学反应。

3) 有良好的流散性和防潮性。

2. 工业雷管常用的起爆药

常用的起爆药有:雷汞、氮化铅、二硝基重氮酚以及后来发展的"共晶"、"爆粉"和"KD"起爆药等,它们各有自己的特点,目前用得最多的是二硝基重氮酚。这些起爆药的共同特点是敏感度高,容易发生爆炸,因此,在生产、运输、贮存及使用时要特别小心。

二、雷管

雷管是重要的起爆器材之一,一切工程爆破离开了它,就几乎无法实现。

雷管的种类按点火方式可分为:

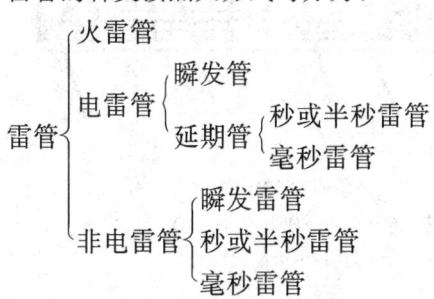

其中,火雷管是一切雷管的基础。

按管壳材料可分为:金属壳——铜、铁、铝管壳雷管;非金属壳——塑料、纸管壳雷管。

金属管壳强度好,加工容易,制成的雷管封闭性能好,有利于防潮抗水,但也有其特点:铝壳雷管不能用于有瓦斯和矿尘爆破危险的矿山。铜壳管壳的原材料较缺乏,价格较高,且不能装叠氮化铅。铝壳雷管强度好、来源广、但它与硫氰酸铅起反应。

塑料壳雷管用量少,尺寸易变,强度低,起爆威力小。纸管雷管用量大,大部分火雷管和相当一部分延期雷管都是纸壳雷管。材料来源广,但强度低,不抗水,防潮能力差。

(一)火雷管

在工业雷管中,火雷管是最基本、最简单的一个品种,由火焰直接引爆。火焰是通过导火索等来传递的。它具有结构简单,生产效率高,使用方便、灵活,价格便宜,不受各种杂电、静电及感应电的干扰等特点,至今仍然广泛使用。但必须指出,由于导火索难于避免的速燃、缓燃等致命弱点,在使用过程中发生过大量爆破事故,因而,极大地限制了它的用量和使用范围。

1. 结构

它由管壳、正副装药、加强帽组成。管壳的一端开口,另一端封闭并带有凹槽,起聚能作用,结构如图 3-1。

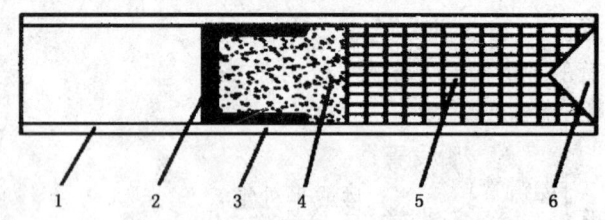

图 3-1 火雷管结构示意图
1—管壳;2—传火孔;3—加强帽;4—DDNP;
5—加强药;6—聚能穴

(1) 管壳:管壳材料如上所述。管壳有一定的强度,可减小正、副装药爆炸时所受的侧向扩散,保证起爆能力;管壳可以避免起爆药受外能的直接作用,确保安全;又可以避免起爆药直接与外界接触,提高雷管的防潮能力。

(2) 正装药(起爆药):它直接受导火索火焰作用,首先爆轰。其主要特征是感度高。目前国产雷管大多采用二硝基重氮酚(DDNP)。

(3) 副装药:它由起爆药爆轰而引爆,用于加强起爆药的威力。一般比起爆药感度低,爆炸威力大。通常由钝化黑索金,特屈儿或黑索金—梯恩梯(TNT)压制而成。

(4) 加强帽：加强帽为中心带有一小孔的金属罩，多为铜或铁材冲压而成。它的作用有三个：减少起爆药的暴露面积、提高抗震能力并减少受外界作用的可能性、增加雷管的安全性；防止起爆药受潮，增加雷管的防潮能力；它在雷管中形成一个密闭小室，促使起爆药爆炸时压力的增长，提高雷管起爆的可靠性和起爆能力。

加强帽中心孔的作用是让火焰能直接喷射于起爆药上，中心孔径为1.9～2.1mm。为防止杂物、水分的浸入和起爆药的散失，中心孔及加强帽周围常采取防潮处理。

2. 雷管号数和起爆能力

工业雷管按其装药量的多少分为十个等级。号数愈大，起爆药量愈多，则起爆能力愈强。工业爆破较常用的是8号和6号雷管。

雷管的起爆能力可用雷管铅板穿孔试验来检验。把雷管聚能穴端放置于直径为50mm、厚为5±0.1mm的铅板中央，铅板用内径40mm的钢管架空，如图3-2。雷管起爆后，铅板被击穿的孔径应不小于雷管外径方为合格。

(二) 电雷管

如前所述，电雷管的品种较多，但其基础部分与火雷管相同。两者的区别仅在于采用电引火装置，此装置由桥丝、药头、塑料塞和向管外引出的两根绝缘导电线——脚线组成。

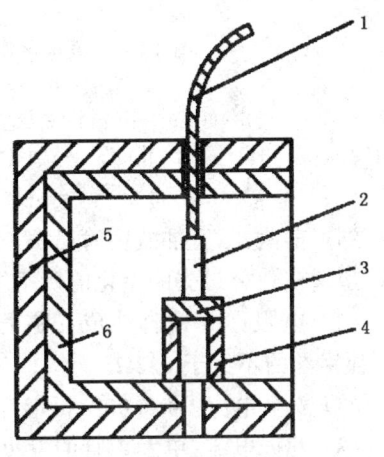

图3-2 雷管铅板穿孔试验
1—导火索；2—雷管；3—铅板；4—钢圈；
5—防爆箱；6—铅衬

1. 瞬发电雷管

瞬发电雷管就是通电后,雷管瞬间(数毫秒内)发火爆炸的电雷管。它是由火雷管和一个发火元件组成,有直插式和引火药头两种型式,其结构如图 3-3。当接通电源后,电流通过桥丝发热,使起爆药或引火头发火,从而使整个雷管爆轰。

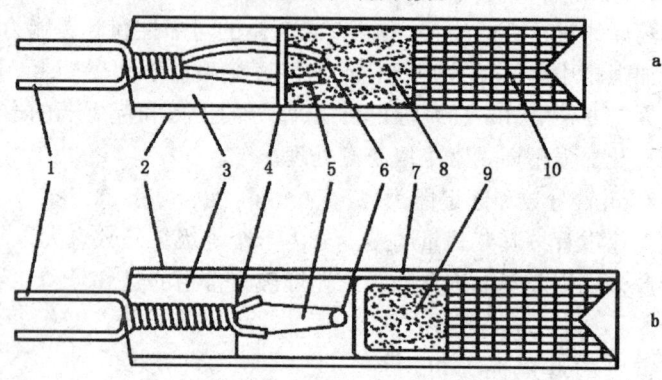

图 3-3 瞬发电雷管结构示意图
a—直插式; b—引火头式
1—角线;2—管壳;3—密封塞;4—纸垫;5—线芯;
6—桥丝(引火药);7—加强帽;8—散装 DDNP;
9—正起爆药;10—副起爆药

到目前为止,直插式雷管已很少生产。因此,金属壳雷管大部分以塑料柱代替过去的熔化的硫磺塞。这种生产工艺简单、安全。

(1) 电阻:2m 铁脚线成品雷管的全电阻,康铜丝的不大于 4Ω;镍铬丝的不大于 6.3Ω。

(2) 安全电流:通 0.05A 恒定直流电 5min 不爆炸。

(3) 发火电流:单发雷管的发火电流不大于 0.7A,20 发串联准爆电流,康铜丝的不大于 2.0A,镍铬丝的不大于 1.5A(均为恒定直流电)。

(4) 铅板穿孔和串联试验:对 5mm 铅板的穿孔直径不小于雷管外径,20 发串联齐爆。

(5) 振动试验：在振机上，频率 60 次/min，振幅 150mm，连续振动 5min，雷管的各项性能不变。

(6) 封口牢固性：荷重 1kg 1min，封口塞无肉眼可见的移动。

(7) 在规定的贮存条件下，贮存期为 2 年。

2. 普通延期电雷管

延期电雷管是通电后隔一定时间，顺次起爆。按照时间间隔的长短，延期雷管分为秒延期雷管，半秒延期雷管和毫秒延期雷管。

(1) 秒或半秒延期电雷管

秒或半秒延期电雷管构造如图 3-4a、b，它有两种结构形式：即索式结构和装配式结构。

秒、半秒延期电雷管，是在电引火元件和起爆药之间加延期装置构成的。延期装置是用精制导火索段或在延期体壳内压入延期药并由其长度、药量和延期药配比来调节延期时间。对于索式结构，在管壳上钻有两个排气孔排出延期装置燃烧时产生的气体。排气孔有防潮措施。起爆过程是：通电后引火头发火，引起延期装置燃烧，延迟一段时间后雷管爆炸。国产秒、半秒延期雷管如表 3-1 和表 3-2。

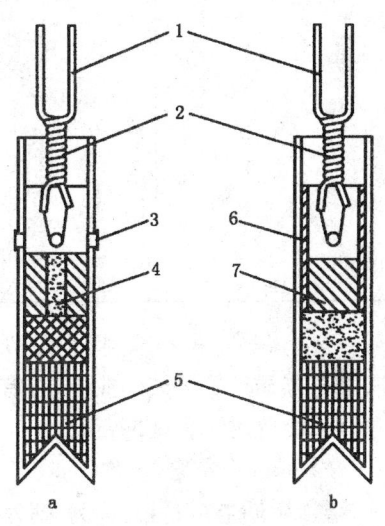

图 3-4 秒和半秒延时电雷管
a—索式结构； b—装配式结构
1—脚线；2—电引火线；3—排气孔；
4—精制导火索；5—火雷管；
6—延期体壳；7—延期药

表 3-1　秒延期电雷管的段别与秒量

段　别	延期时间、秒	脚线标志颜色
1	不大于 0.1	灰蓝
2	1.0＋0.5	灰白
3	2.0＋0.6	灰红
4	3.1＋0.7	灰绿
5	4.3＋0.8	灰黄
6	5.6＋0.9	黑蓝
7	7.0＋1.0	黑白

表 3-2　半秒延期电雷管的段别与秒量

段　别	延期时间、秒	脚线标志颜色
1	不大于 0.1	
2	0.5±0.2	
3	1.0±0.2	
4	1.5±0.2	雷管壳上印有
5	2.0±0.2	段别标志,每
6	2.5±0.2	发雷管还挂有
7	3.0±0.2	段别标签
8	3.5±0.2	
9	4.0±0.2	
10	4.5±0.2	

秒或半秒延期电雷管,以纸壳铁脚线为主,主要用于隧道掘进、土石方开挖等爆破作业中。在有瓦斯和煤尘等有爆炸危险的工作面,不准使用这种延期雷管。

(2)毫秒电雷管

毫秒延期电雷管,简称为毫秒雷管。它主要用于微差爆破中。近来它的应用范围不断扩大,在控制爆破中,已成为不可缺少的起爆器材。毫秒雷管有等间隔和非等间隔之分,段与段之间的间隔时间相等的称为等间隔,反之为非等间隔,如表 3-3 中的第一、三、四系列产品,分别以 25、100、300 毫秒为段间间隔,而第二、五系列为非等间隔毫秒电雷管。

毫秒电雷管的结构有多种形式,以延期药的装配关系分为直

表 3-3　国内毫秒雷管段别与秒量

段别	第一系列	第二系列	第三系列	第四系列	第五系列
1	<5	<13	<13	<13	<4
2	25±5	25±10	100±10	300±30	10±2
3	50±5	50±10	200±20	600±40	20±3
4	75±5	75±15	300±20	900±50	30±4
		75-10			
5	100±5	110±15	400±30	1200±60	45±6
6	125±7	150±20	500±30	1500±70	60±7
7	150±7	200+20	600±40	1800±80	80±10
		200-25			
8	175±7	250±25	700±40	2100±90	110±15
9	200±7	310±30	800±40	2400±100	150±20
10	225±7	380±35	900±40	2700±100	200±25
11		460±40	1000±40	3000±100	
12		555±45	1100±40	3300±100	
13		650±50			
14		760±55			
15		880±60			
16		1020±70			
17		1200±90			
18		1400±100			
19		1700±130			
20		2000±150			

填式和装配式,装配式又有管式、索式和多芯结构。

1)直填式:这种结构是把延期药直接装入雷管内。其优点是工艺简单,缺点是压药压力需严格控制,否则压力太大时起爆药将被"压死"而产生半爆。

2)装配式:如图 3-5,装配式结构被广泛应用。其优点是结构简单,延期药可承受高压而不受起爆药的限制,生产时延期体与火管分开加工后装配,因此安全性较好。其他结构形式,国内仅有少数厂家生产,不赘述。国内毫秒雷管的段别与秒量见表 3-3。

毫秒雷管在工程爆破中越来越显示出它的生命力,对于降低爆破地震、保护边坡、控制飞石等爆破有害效应起了很好作用。对

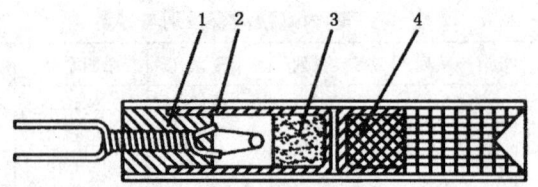

图 3-5 毫秒延期电雷管
1—塑料塞;2—延期内管;3—延期药;4—加强帽

于控制爆破和水利水电工程爆破的保护地基基础起了重要作用。它的应用将越来越广泛,发展趋势是:段数多、秒量精度高;发展等间隔毫秒雷管;品种多,形成系列化,有抗杂电、抗静电、耐高温、抗深水等各种毫秒雷管以适应各种特殊爆破的需要。

3. 抗杂散电流毫秒电雷管

抗杂散电流毫秒电雷管,简称为抗杂电雷管。按其抗杂电的原理可分为容抗式、无桥丝式、低阻桥丝式三种。我国于 20 世纪 70 年代中期研制成功了无桥丝式和低阻桥丝式两种抗杂电雷管。

(1) 无桥丝式抗杂电毫秒电雷管,如图 3-6。其特点是用导电药代替桥丝。导电药起导电、发热作用,其电阻与电压呈非线性关系,如图 3-7。当它通入低电压时,呈高电阻,通高电压时呈低电阻,依靠其电阻和电压呈非线性关系实现了既能抗杂电又能满足工业爆破的群爆要求。

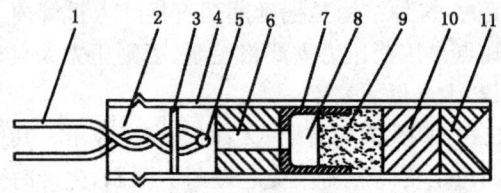

图 3-6 无桥丝式抗杂雷管结构示意图
1—脚线;2—封口;3—纸垫;4—管壳;5—引火头;
6—延期装置;7—加强帽;8—点火药;9—正起爆药;
10—副起爆药(黑索金);11—纯化黑索金

导电药由锑粉、氯酸钾、石墨、乙炔黑等组成。

该种雷管的主要技术指标如下：

1）电阻 $R=50\sim400\Omega$

2）安全电压：5V 5min 不发火。

3）准爆电压：20V/发。

4）380V 交流电，一次串联起爆 20 发。

5）抗温性能：-20℃恒温 5h、$+55$℃下恒温 2h，发火性能不变。

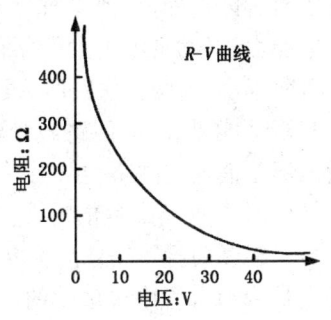

图 3-7　抗杂电药头的 R-V 特性曲线

6）段别和延期时间同表 3-3 中的第二系列。

使用起爆器起爆串并联网路时，一台 QLDF-1000 型起爆器，一次起爆总数不大于 120 发。

一台 GM-2000 型高能起爆器，单串不超过 100 发，并联不超过 400 发。

使用 380V 交流电起爆时，一次起爆总数不超过 400 发。在上述条件下，可确保起爆可靠。

这种雷管的结构，除药头外，与普通毫秒电雷管相同，其爆炸性能也同普通工业 8 号雷管。优点是：具有一定的抗杂电能力，能满足绝大部分矿山抗杂电的要求；群爆性能好；结构简单，使用方便，使用时串并联网路连接各串，只要雷管数平衡，不需电阻平衡，因此免去了复杂的网路计算。缺点是每个雷管电阻范围大，网路连好后，难于用仪表进行检查。

（2）低阻桥丝式抗杂电毫秒电雷管。此类结构特点是采用低阻紫铜丝作为桥丝。据发热公式：$Q=0.24I^2Rt$，采取降低桥丝电阻 R 来控制药头发热量，使杂散电流的能量大部分消耗在脚线上，以达到抗杂电之目的。其优点是：结构简单，除桥丝与普通电雷管桥丝有区别外,其他方面均与普通毫秒电雷管同;具有较高的抗杂电能力,以满足国内大部分有杂电的矿山爆破要求。缺点是:桥丝电阻很小,当两极短路时,很难用仪表查出;因桥丝电阻太小,所用起爆器能量大,对网路绝缘要求很高,否则易产生拒爆;起爆能量大部分消耗在网路线路上。

4. 无起爆药毫秒电雷管

无起爆药雷管是目前世界上最先进和最安全的雷管。其结构特点是取消雷管中最敏感的起爆药,实现整个雷管只装单一猛炸药或混合猛炸药,并解决了无起爆药电雷管的群爆问题。

(1) 无起爆药雷管的优点是:由于雷管中取消了起爆药,因此雷管厂就可取消生产起爆药的车间,避免了生产起爆药时的危险性及对空气和环境的污染;生产、运输、使用、贮存安全性好;结构简单,完全与普通毫秒电雷管一样使用。

(2) 性能

1) 一切电性能和爆炸威力及段别秒量同普通毫秒电雷管;

2) 冲击感度低于普通雷管,见表 3-4。

表 3-4　无起爆药雷管与普通雷管的冲击感度

雷管形式	冲击部分 冲击感度		备　　注
	起爆元件	药头	
普通(有起爆药)	2/25	—	1) 药头:落高 50cm
无起爆药	0/50	0/50	2) 起爆元件落高 50cm、100cm、150cm 3) 锤重 2kg 4) 表中数据分母为试验雷管数,分子为发火雷管数

3) 耐火试验如下:

A. 瞬发雷管:将 25 发瞬发雷管(敞口),口部朝上略倾斜装入纸盒中(雷管约占纸盒容积的 1/3),将盒放入木料堆(约 1kg),在木材上洒柴油,用明火将木材点燃;约烧 5min 时,有一爆炸声,等到木材烧完后检查,将未爆雷管收集起来,发现有 3/5 的雷管外壳烧黑,里面起爆元件完好;1/5 的起爆元件被冲出来,底部炸药有的燃烧完,有的还留下痕迹,1/5 起爆元件内的炸药有 1/3 被燃烧。

B. 延期雷管 25 发(敞口),燃烧条件同上。当木材烧到 3min 后,25 发雷管一次爆轰完。

C. 延期雷管 25 发,用带有 2m 长脚线的药头卡管,装入 250×250×250(mm)的纸盒中,燃烧同上,当燃到 7min 时发生一爆炸声,紧接着又有 4 声,燃烧后检查,在燃烧区周围捡到 20 发未爆炸的雷管,外壳被熏黑,整个雷管还完好。

(3) 发展趋势:由于这种雷管具有上述独特优点,因此它将显示出其强大的生命力,预计在不久的将来将取代所有的有起爆药雷管,并将制成各种电、非电、耐高温等系列产品,应用于各个领域的工程爆破中。

毫秒延期电雷管在有瓦斯或煤尘爆炸危险的煤层中使用时,最后一段的延期时间不得超过 130ms 且不得跳段使用。这是因为 130ms 时瓦斯涌出的浓度比瓦斯爆炸下限 4% 少 83%~86%,能保证安全。若为全断面一次爆破时,因为毫秒雷管总延期时间很短,最早爆开部分的瓦斯涌出的浓度还达不到爆炸浓度,煤尘也来不及扬起,最后一组炮就已爆炸完毕。

5. 安全电雷管

安全瞬发电雷管和安全毫秒电雷管适用于瓦斯突出的矿井,配合安全炸药,在瓦斯矿井进行爆破。它的特点是:在雷管的猛炸药黑索金中加入消焰剂;改变雷管的底部结构凹形聚能穴为平底结构,避免雷管爆炸时在轴线上形成一股高速的金属流;减小延期药的直径,由单芯改为多芯延期体。从而避免因延期体残渣的喷出造成瓦斯爆炸。但还须控制毫秒雷管的总延期时间在 130ms 以内。

三、导爆管起爆系统

导爆管起爆系统是 20 世纪 70 年代瑞典诺贝尔公司发明的新

型起爆系统。我国于1978年自行研究成功,并很快在全国推广使用。

(一) 导爆管起爆系统

导爆管起爆系统主要部件为塑料导爆管。它与引爆雷管传爆装置相连接,组成导爆管起爆系统。

1. 塑料导爆管

它是由一种热塑性塑料经挤出成型的同时内壁涂有薄层炸药的塑料管。如沙林塑料、高压聚乙烯、EVA等均可作为导爆管的材料。一般要求导爆管管材要有较好的透明度(以利质量检查),内壁药层分布均匀,且附着牢固,传爆过程中,无破壁现象发生;内外径波动小,有较好的强度和刚度,耐老化性能好(以利较长时间的贮存);且低温性能亦好(以利北方高寒地区使用)。

管内炸药成分为,高威力猛炸药黑索金(RDX)或奥克托金(HMX)、铝粉和少量附加物的均匀混合物,每米装药量 $16\pm1mg$ 或 $20\pm1mg$。

近几年来,导爆管发展很快,不仅用量日益增加,而且品种不断齐全。现在已由单一普通导爆管发展为耐高温高强度导爆管,其性能指标见表3-5,双层导爆管以及起爆后变色导爆管使用起来更加方便,爆破后更易检查是否传爆情况。

表3-5 高强度导爆管性能

结构	抗拉强度(常温)	耐温性能
单层	8kg	+80℃、8h、1m 长、承重 3kg 1min 不拉断 -40℃、8h、弯曲 90°不折断

导爆管起爆系统产品已系列化,它配有瞬发、毫秒、秒、半秒等系列产品,其段别和延时精度与电雷管系列产品相同。用户可根据爆破需要进行选择。

导爆管具有以下性能(以高压聚乙烯为管材的普通导爆管为例):

(1) 传爆性能

1) 传爆速度,即爆速为:1650±50m/s 和 1950±50m/s 两种。

2) 爆炸冲击波在管内传爆时,导爆管断药长 5～10cm,仍能传爆下去。

3) 连续传爆 2000m 后,爆速明显下降,仅为 600～800m/s。

(2) 耐电性:导爆管具有较强的抗电性能,对于爆区的杂散电流、静电及各种感应电有很好的抗干扰性能。

(3) 抗拉性能:常温下拉力 7kg 仅伸长而不破坏。

(4) 耐水性:导爆管两头密封,浸水深度为 20m,经 16h 性能不变。

(5) 耐温性:将导爆管置于＋50～－20℃环境中,历时 16h,性能不变。

(6) 抗冲击能力:用卡斯特落锤试验,锤重 10kg,落高 150cm,导爆管不起爆。

(7) 耐火性:每卷 700m 的导爆管,置于猛烈燃烧的火上燃烧,导爆管只燃烧,不爆炸,不传爆。

(8) 枪击试验:一卷 700m 长导爆管,用自动步枪,距离 35m、25m、15m 射击,不爆炸、不传爆。

(9) 引爆炸药试验:导爆管末端对着 2 号岩石炸药、松装黑索金、泰安、奥克托金等猛炸药,导爆管引爆后,不能引爆炸药。但能引燃黑火药和导火索。

2. 起爆装置

起爆装置有多种形式,如起爆枪击与击发火帽、雷管、高压电火花均能起爆导爆管。

3. 传爆装置

传爆装置是实现系统群爆的重要组成元件。可作传爆装置的有连接块和传爆雷管、雷管、导爆索,三、四通或多通连接元件等。

4. 导爆管与雷管连接

导爆管不能直接起爆炸药,它必须与雷管连接才能达到起爆炸药的目的。导爆管与雷管连接是通过塑料塞或橡胶塞经卡口器卡口而成的。

二、导爆管起爆系统的优缺点

1. 优点

(1) 从根本上减少了电气爆破中由外来电的干扰而引起的事故隐患,同时一次引爆的雷管数不受限制。

(2) 节约原材料,成本低。导爆管每米重 5~6g,药芯炸药 16~20mg,与普通导爆索和导火索比较可节约大量棉纱、炸药、纸张等原材料。

(3) 导爆管传爆过程中声响小,没有破坏作用,可以贴着人的皮肤传爆。

(4) 导爆管起爆方法灵活,形式多样,简单方便。

(5) 导爆管生产简单、效率高,容易实现自动化,产品质量易检查,质量稳定。

(6) 在某些工程爆破中,导爆管起爆系统容易实现孔外微差,用两段延期雷管即可实现多段起爆,有利于实现等间隔高精度毫秒爆破。

(7) 导爆管网路联接简单,不需复杂的电阻平衡和网路计算,节省爆破时间,提高工效。

2. 缺点

(1) 不能用于有瓦斯和矿尘爆炸危险的作业场所。

(2) 网路连好后,不能用仪表检查网路连接的好坏。

(3) 导爆管本身的强度有限,在露天深孔充填时要特别注意,以免损坏。

(4) 在高寒地区使用时,导爆管的硬化使起爆、传爆感度较差。

(5) 传爆速度较低,在井下大区爆破时,爆区太长或段数太多时,要考虑井下冲击波及地震波对导爆管网路的破坏。

四、导火索

导火索是以黑火药为药芯,外面包缠着棉、麻纤维、纸、沥青、石蜡而组成,见图 3-8。

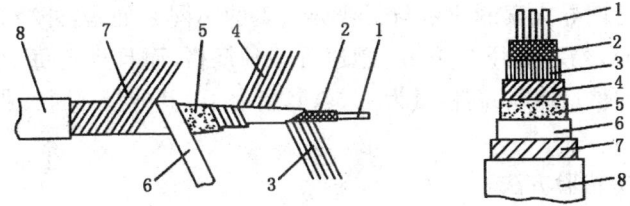

图 3-8 工业导火索结构示意图
1—芯线;2—索芯;3—内层线;4—中层线;5—防潮层;
6—纸条层;7—外线层;8—涂料层

工业导火索是以具有一定密度的黑火药为药芯,其外分别包缠棉线、纸及防潮层沥青等。

导火索的用途是:用来引爆火雷管或黑火药。在索式秒延期雷管中,它还可作为延期元件。在花炮、军工制品中,如手榴弹、爆破筒等也常用它作延期元件。在瓦斯和煤尘或矿尘爆炸危险的条件下不能使用。

导火索常见的质量问题有断药、细苑,线层包得不整齐,可能产生燃烧时透火;药芯密度太小,可能产生速燃。

1. 工业导火索标准

(1) 外观:表面粗细和绕线均匀,无损伤、变形、发霉、油污、剪断处散头等现象;外层线允许断线 1～2 根,但长度不超过 5m;外层线排得不匀的长度不超过 15cm,索头有防潮剂密封。

(2) 尺寸:导火索外径 5.2～5.8mm;药芯直径不小于 2.2mm,药量每米 6g 左右,每盘总长 250±2m,其中最短的一根不小于 1.5m。

(3) 喷火强度：不低于40mm。

(4) 燃烧速度和燃烧性能：燃速100～125m/s，燃烧时不得有断火、透火、外壳燃烧、爆声及速燃现象。

(5) 耐水性能：在1m水深，常温(20±10℃)的静水中浸2h，燃速及燃烧性能不变。

延期导火索的质量与工业导火索的不同之处是：外径5.9～6.1mm，药芯直径2.5mm；燃速有多种规格，而且规定每100mm长度的秒量偏差，高秒量为1.5s，其余为1s，其他指标同工业导火索。

2. 检验方法

(1) 外观和燃烧情况用目测。

(2) 外径用千分尺在任意断面垂直测两次取平均值；药芯直径用卡尺在任意断面垂直测两次取平均值。

(3) 喷火强度是从试样中取0.1m长的索段两根，插入内径为6.0～7.0mm，长为150～200mm内壁干净的玻璃管内，间距40mm，点燃其中的一根，当它燃烧终了时，应能将另一个试样点燃，试验10次。

(4) 燃速测定是从每盘两端距索头5cm以远剪取1m长索段10根。点燃索段的一端，同时按秒表开始计时，在燃烧过程中，顺便观察燃烧情况，至另一端喷出火苗时，再按秒表，记录时间，应符合出厂要求。

(5) 耐水试验是将试样两端用防潮剂浸封50mm，盘成内径不小于250mm的索卷，浸入常温(20±10℃)1m水深静水中2h取出，擦去表面水分，剪去两端浸防潮剂部分，其余按规定长度进行性能指标测试，应符合要求。

五、导爆索

导爆索从外表看，表皮为红色，药芯为白色，除了颜色和药芯与导火索不同外，其余的和导火索相同。药芯为猛炸药，外壳也由棉纱或其他纤维及纸和防潮剂绕制而成。当它被起爆后,爆轰波从一端传向另一端,起爆与之相连的炸药或另一根导爆索。

1. 导爆索的种类

按应用环境可分为:露天和无瓦斯、矿尘爆炸危险的井下爆破作业的导爆索,以及用于有瓦斯、矿尘爆炸危险的安全导爆索。

露天导爆索又可分为普通导爆索、强力导爆索、低能导爆索和高抗水导爆索。

普通导爆索是目前大量生产和使用的导爆索,它有一定的抗水性能和耐高、低温性能,能直接起爆一般常用的工业炸药。

高抗水导爆索适用于深水爆破作业。其抗水能力从两方面解决:一是采用抗水性好的材料作外层包复,如塑料外皮导爆索;另一种是采用高抗水炸药,如将药芯做成塑性的高威力炸药。

强力导爆索用于起爆钝感炸药或作为地震勘探的震源,每米药量40g以上,有些特殊用途导爆索每米炸药可达100g。

国外导爆索的品种很多、规格齐全,有药量小到每米0.2g、直径为1.4～1.8mm的低能导爆索,有每米40g的加强导爆索,及每米100g的强力导爆索。如捷克有药芯为黑索金或泰安的导爆索,每米药量10g、12.5g、14.5g、20g、24.5g、25g、30g,爆速6000m/s的塑料外皮导爆索。美国贝克福(Bickford)公司生产的每米0.2～100g的导爆索达19种规格。苏联在采矿工业中应用的新型导爆索,其直径为3.6～6.1mm等。

近几年来,我国也研制成功了一种新型的低能导爆索系列产品。在露天和井下爆破作业中使用它,既能大大减少噪音,又能降低爆破成本。

低能导爆索的性能:

(1)每米含药量:1.5g、3.5g、7g、10g;还可按用户要求的规格生产。

(2)爆速:大于7000m/s。

(3)抗水性:将低能导爆索的二端部裸露浸泡在2m深的水

中 40 天,爆轰感度不变,爆速仍在 7000m/s 左右。

(4) 环境适应性:处于 +80——40℃ 环境中 8h,爆速稳定,爆轰完全。

(5) 易与毫秒雷管装配成非电起爆系统。

2. 质量标准

以黑索金为药芯(美、日、西欧等国家则多用泰安药芯)的普通导爆索的质量标准(技术要求)如下:

(1) 外观:表面涂红色,涂料均匀,无严重折伤。外层线不得同时断两根,断一根的长度不得超过 7m,每盘索卷不多于 5 段,最短一根长度不得小于 2m,索头要套有金属或塑料防潮帽或浸涂防潮剂。

(2) 药量:不小于 12g/m。

(3) 外径:不大于 6.2mm,每卷长 50±0.5m。

(4) 爆速:6500m/s 以上。

(5) 起爆性能:用 2m 长的导爆索能完全起爆一个 200g 的 TNT 药块。

(6) 感度性能:按规定连接后,用 8 号雷管起爆,应爆轰完全。

(7) 抗水性能:在 0.5m 深的清水中浸泡 24h,应可靠传爆。

(8) 耐热性能:在 50±3℃ 条件下保温 6h,外观及传爆性能不变。

(9) 耐低温性能:在 -40℃±3℃ 的条件下冷冻 2h,取出后仍能结成水手结,按规定连接法用 8 号雷管起爆,爆轰完全。

(10) 耐折性:按耐热、耐低温性能试验的条件保温后做弯曲试验,药芯不洒出,内层线不露出,然后按规定的方法连接,爆轰完全。

(11) 耐喷燃试验:导爆索端面药芯被导火索喷燃时不爆轰。

(12) 耐拉强度:导爆索承受 50kg 拉力后,仍能保持爆轰性能。保质期为两年。

3. 应用范围

导爆索主要起传爆作用,可用雷管或炸药包起爆,它能把爆轰波传到所需地点,也能代替雷管起爆炸药,满足特殊爆破的需要,可用于一次起爆多个炮孔。近几年来,国内外还普遍用导爆索起爆钝感的铵油炸药和浆状炸药。美国、加拿大等国生产两种防水导爆索,每米药量分别为 10.5g 和 24g。代替高威力雷管可直接起爆铵油炸药,不需配制起爆药包。

另外由于导爆索的爆速高,传爆可靠,操作简单,因此已成为同时起爆周边孔的理想材料。它在光面爆破、预裂爆破中也得到广泛应用。如美国一化学公司获得专利的光面爆破专用装置,就是一个柔性空心筒,外壳上平行布置两根导爆索,封装好的导爆索与圆筒外壳之间用惰性层隔开,使装置上的导爆索沿着预定岩石开裂的方向布置。这方面的专利在日本、瑞士、法国、西德等国都有。我国井巷掘进的光面爆轰也常采用导爆索起爆周边眼。

4. 优缺点

优点：

（1）不受各种电的干扰,使用安全。

（2）起爆准确可靠,并能同时起爆多个炮孔的装药,同步性好。

（3）炮孔内装的药包没有雷管,因而在装药充填及处理瞎炮时较安全。

（4）爆破前的准备工作比较简单,不必像电雷管那样进行爆破网路设计和网路检测。

（5）在水孔或高温的炮孔中也可使用。

缺点：价格高,网路连结后无法用仪器检查。此外,高能量导爆索爆炸时,孔内炸药将产生被"压死"的现象,影响炸药能量的充分利用;不能实现孔底起爆;起爆时噪声大,不能用于城镇控爆工程。

5. 导爆索的检测

(1)外观尺寸检验:外观应无缠层松垮、涂料不匀以及断折、油污等不良现象。外径用千分卡尺测量,精确到 0.1mm。

(2)爆速测定:见图 3-9 所示的装置,与标准导爆索对比测定。取 1120mm 长的标准导爆索和待测导爆索各一段,设待测导爆索爆速为 Vx,若它与标准导爆索爆速 V 相等,测爆轰波应在 0 点相遇,若 Vx 与 V 不等,则在相遇点处的铅板上留下痕迹,两导爆索从雷管处取 1m 各作出第一标记线,则相遇点与各自第一标记线间距分别为 Sx 和 S,爆后只要取 Sx 与 S 之值就可用下式求出待测导爆索的爆速:

$$Vx = \frac{Sx}{S}V \quad (m/s)$$

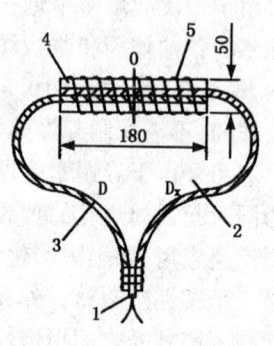

图 3-9 导爆索爆速测定

1—雷管;2—被测导爆索;
3—标准爆速的导爆索;
4—铅板;5—细绳

另外,导爆索爆速还可用仪器测定。

(3)感度与传爆性能检测:可用图 3-10 所示的方式进行。将 5 段 1m 长的一段 3m 长的导爆索连成一体,用一发 8 号雷管起爆,能完全起爆的为合格,反之为不合格。

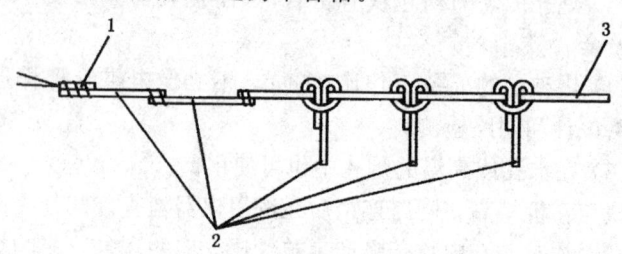

图 3-10 导爆索传爆性能检验

1—8 号雷管;2—1m 长导爆索;3—3m 长导爆索

（4）防水性能检验：取 5m 长的导爆索，卷成直径为大于 250mm 的索卷，两端用防潮剂密封后放入深为 0.5m，温度为 10~25℃的清水中浸泡 24h。端头可露出水面。浸水后切成 1m 长的 5 段，用水手结连接方法，用 8 号雷管起爆，能完全传爆的合格。见图 3-11。

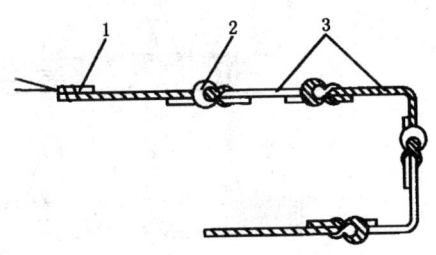

图 3-11 导爆索耐水性能检验的连接方法
1—雷管；2—水手结；3—导爆索

（5）拉力试验：取 0.5m 导爆索，加 50kg 拉力，1min 内不被拉断，而且爆力不变为合格。

六、继爆管

1. 继爆管结构

国内产品有 YMB-1 型双向继爆管和单向继爆管。

双向继爆管结构见图 3-12b。它由两端的导爆索分别连接的毫秒延期雷管及中间的消爆元件而组成。主动端和被动端可互换，单向继爆管有多种，单向 12 型结构如图 3-12a。

2. 继爆管的作用原理

双向继爆管的作用原理是主动端（先起爆端）导爆索爆轰，引起毫秒继爆管中火管的主动端起爆药爆轰，主动端延期药随之迅速爆燃、爆轰，产生高温高压的高速射流，通过阻闸缩孔后，冲击波衰减而点燃被动端延期药，进而使雷管爆轰，并引起被动端导爆索爆轰。

双向继爆管的发火过程：

导爆索（主动端）爆轰→火管的起爆药（主动端）爆轰→引燃延期药（主动端）→引燃延期药（被动端）→引爆起爆药（被动端）→导

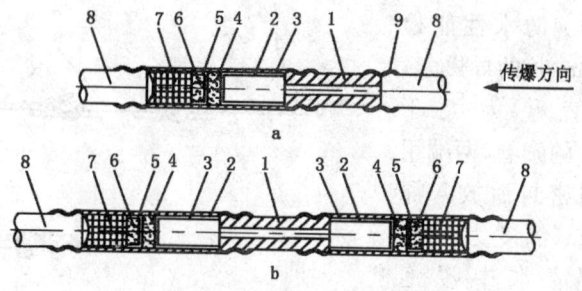

图 3-12 继爆管结构示意图
a—单向继爆管; b—双向继爆管
1—消爆管;2—大内管;3—外套管;4—延期药;5—加强帽;
6—正起爆药 DDNP;7—副起爆药 RDX;
8—导爆索;9—连接管

爆索(被动端)爆轰→使炸药爆轰。

单向继爆管的作用原理与上述基本相似,但主动端和被动端不能互换且主动端没有延期药;双向继爆管是二硝基重氮酚(DDNP)的爆轰产生高温高压射流引燃主、被动端的延期药,而单向继爆管则是导爆索的爆轰产生的高温高压射流引燃延期药。

单向毫秒继爆管的发火过程:

导爆索(主动端)爆轰→引燃(射流)延期药(被动端)→引爆起爆药→爆轰导爆索(被动端)→爆轰炸药。

(1) 性能要求

1) 起爆可靠性:爆炸率应大于 99.7%。

2) 传爆可靠性:当两组继爆管同时起爆时,以继爆管的距离大于其殉爆距离即可。

3) 延期精度达到设计要求。

4) 能经受震动试验的考验,能保证运输和使用的安全。

5) 耐温性能:使用温度为 $-40\sim55$ ℃。

6) 抗水性能:水深 4m、浸泡 8h 能可靠起爆。

7) 抗拉性能：拉力 15kg，持续 3min。

（2）国外继爆管：英、美、苏、捷克等许多国家生产的毫秒继爆管，大多为双向毫秒继爆管。

（3）优缺点：继爆管的优点是继爆管延期时间准确、精度高，起爆可靠；缺点是价格高，段数少。现在已很少生产。

七、其他起爆器材

20 世纪 70 年代以后，非电起爆系统取得很快的发展，先后出现了一系列新型的非电起爆系统，在此作简要介绍：

（一）普里马德特（Primadet）起爆系统

此系统是 20 世纪 70 年代初，由美国贝克福公司发明的。

1. 组成

由低能小直径导爆索普里马林（Primaline）和普里马德特非电延期装置组成。

2. 低能导爆索的性能

（1）药芯为泰安，每米药量 0.845g。

（2）外径 1.4～1.8mm。

（3）爆速 6200m/s。

（4）不能直接起爆猛炸药，但能起爆雷管。

（5）索与索之间不传爆，网路可互相交叉布置。

（6）使用时与普通 8 号雷管一样，放入炮孔内，孔外用标准导爆索或雷管起爆。

（7）它可制成 17～650ms 的延期雷管。

3. 优缺点

优点：与一切非电起爆系统相同，不受各种电的干扰，使用安全，可进行秒和毫秒分段爆破；配合孔外延期，起爆段数不受限制，这种灵活性有利于减小地震波及有害爆破效应，改善爆破质量。由于它为低能导爆索，克服了对孔内装药的不良影响，与导爆索或继爆导相比降低了成本，适用于采石场和露天开采多排分段爆破，与导爆管相比,更能适用于高寒地区使用。它在美国、加拿大的部分矿山已使用了多年,我国已研制成功类似产品,药芯为泰安,每米药量在 4g 以下,爆速达 7000m/s。

缺点:索间不能传爆,因此网路连接及操作复杂;网路联好后不能用仪器检查。

(二) 赫尔格德特(Hergcudet)起爆系统

该系统是美国赫尔克里士(Hercules)公司于 20 世纪 70 年代中期发明的。据称是发明雷管以来的一次重大革新。

1. 组成

(1) 气瓶箱:它供给天然气、氧气和氢气。

(2) 爆破器:它由一个自动按比例配气的操作装置,一个引爆混合气体的引爆室,一个探头和一个指示器组成。

(3) 内径:1.5mm 的空心塑料软管。

(4) 连接器:管与管串联用套筒连接器,并联用 T 字形连接器。

(5) 检查器:它由压力计和显示仪组成,可检查整个回路或单根塑料管是否漏气。

(6) 赫尔格德特非电延期雷管,其外形似电雷管,只是以一对空心塑料软管代替了一对脚线。

2. 操作程序

先将回路连接起来,连好后通入氢气,检查回路是否堵塞、漏气或连接不良等,确认回路畅通后,通入一定量的混合爆炸气体;氧气(O_2)60%,氢气(H_2)20%,天然气(CH_4)20%(充完一个回路需 1~3min),然后按下爆破器的点火按钮,以电火花引爆管内混合气体,混合气体以 3050m/s 的速度传播并引爆雷管进而起爆炸药。

3. 优缺点

这种起爆系统与其他非电起爆系统相比,其突出的优点是充气前,网路可用仪表检查;能用于有瓦斯、矿尘爆炸的场所,管内传爆无空气爆震,不损坏管子,对孔内炸药没有不良影响;并具有其他非电起爆器材的优点。缺点是需要 3~4 种气体及其装置,带这些设备到现场不方便,管子的端部为敞开的,易受污染或堵塞。

该系统于 1981 年 5 月在美国石膏公司有关矿山应用。

(三) 抗静电雷管

静电引起雷管厂发生爆炸或装药过程中引起雷管发生早爆已为事实证明,为防止这方面的爆炸事故,国内外在这方面作了大量工作,出现各种形式的抗静电雷管。抗静电雷管的结构如下:

1. 堵漏式

即采取脚线、桥丝与雷管壳良好绝缘的办法,使静电即使在脚线累积起来也不让其向管壳放电。如我国采用绝缘良好的纸管壳或塑料管壳等。国外如瑞典、英国等采取在电引火头处套上一个绝缘良好的硅橡胶套,即可达到一定的抗静电目的。

2. 泄漏式

即在裸露的脚线和金属管壳之间,用半导电塑料或橡胶做成塞柱,使产生的静电不断通过半导电材料向接地的金属管壳泄漏,不让静电累积起来,这也能达到抗静电的目的。我国曾研制了这种雷管。德国、法国等采用在裸露的脚线上套上一金属膜与金属壳连通,使静电通过管壳不断向大地泄漏而不能积累。

(四) 油井电雷管

油井电雷管结构见图 3-13。用于油井射孔时起爆油井导爆索。它与油井导爆索相配合,有无枪身油井雷管和有枪身油井雷管两种。

这种雷管装药比普通电雷管大 3 倍,猛炸药为 2.3g,起爆药选用发火点较高的氮化铅,装药量 0.3g,装压后总药高 21mm。引火头药量 50mg。这样能保证在较差的条件下,可靠起爆油井导爆索。其外壳厚而坚实,且密闭性能好,能经受 $350\sim380kg/cm^2$ 的压力和 125℃的温度。适用于深度为 3000m 以内的油井作无枪身射孔时起爆油井导爆索。

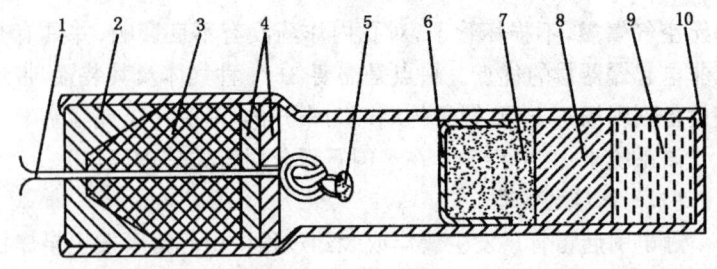

图 3-13 WY-2 型油井电雷管结构示意图
1—脚线；2—稍套；3—胶塞；4—铁垫；5—引火头；6—加强帽；
7—二硝基重氮酚；8—二次黑索金；9——次黑索金；10—管壳

（五）无线起爆系统

无线起爆系统是随着生产和建设的需要而产生的。在水深、流急、风浪大的水下爆破，使用普通的装药连线作业很困难，且网路易浸水或被冲断，达不到预期的爆破目的。为此，很多国家，如日、美、苏、德等一直从事声波、超声波、光、压力、电磁波等遥控起爆系统的研究。为区别普通连线（管）的起爆系统，称这类为无线起爆系统。

1. 超声波遥控起爆装置

超声波遥控起爆装置是 20 世纪 70 年代末，由日本冲电工业公司与大成建筑公司发明的。它由指令装置 A、B 起爆元件和雷管所组成。起爆元件与雷管连接放入炮孔内，接收从指令装置送波器发射出的超声波第一信号对两起爆的电容放电，雷管通电起爆。其爆破冲击波又使 B 型起爆元件的电容放电，雷管通电起爆。两起爆元件延时仅 1ms 相继起爆。每个炮孔装一个起爆元件，爆破 1 次只需 1 个 A 型起爆元件，其余的为 B 型起爆元件。超声波信号采用调频波，以避免因噪声产生误动作。

该系统发射频率为 25kHz±500Hz，调制频率 380Hz、420Hz。设置深度在 100m 内，起爆元件尺寸为：$\Phi50\times1230$mm，重量 5kg，寿命 10 天。

指令装置的电源电压 100V,频率 50/60Hz,电流 1A。起爆元件输出电压 7V,电流 3A 以上。在日本,该产品已在水工工程爆破中应用。

2. 电磁波遥控起爆装置

电磁波遥控起爆装置是 20 世纪 70 年代中期,由日本油脂公司研制而成的。

(1) 组成:由振荡器,环形天线,接收器和雷管组成。接收器不带电源,与雷管连成一体放入炮孔中。

(2) 性能参数:振荡器输出功率为 20kW,环形天线直径 94m (电线 14mm^2×6 股),大型接收器(外径 60mm,长 1200mm)调谐频率 550Hz。接收器的齐发性在 1ms 以内,可用于 100m 以下的水中爆破。

(3) 工作过程:由振荡器产生特定频率交流电送入环形天线形成电磁场,发射的电磁波使设在该磁场中的接收器的电容充电,停止振荡时电容放电,雷管通电起爆。

该系统从研究到使用,认为接收器频率的调谐性能良好,对一般存在的磁场中不发生响应,因此起爆安全。

第二节 起爆方法

在工业爆破中,常用的起爆方法有:电力起爆法、导火索——火雷管起爆法、导爆索起爆法、导爆管系统起爆法。另外还有无线起爆法等几大类。

一、电力起爆法

电力起爆法是利用电能使雷管爆炸,进而起爆炸药的起爆方法。它所需的器材有:电雷管、导线和起爆电源。

1. 电雷管的主要性能参数

电雷管的主要性能参数有:安全电流、准爆电流、电雷管电阻等,这些在第一节已介绍。

测量电雷管的电阻值,只准采用专用爆破电桥逐个检测,其电阻应符合产品证书的规定。专用电桥的工作电流应小于30mA。用于同一爆破网路的电雷管应为同厂、同批、同型号产品。康铜桥丝雷管的电阻值差不得超过0.3Ω,镍铬桥丝雷管的电阻值差不得超过0.8Ω。电爆网路主线必须专门敷设,应采用绝缘良好的导线,不准利用铁轨、铁管、钢丝绳、水和大地作爆破线路。主线在联入网路前,各自的两端应短路。起爆前,联接好整个爆破网路,无关人员全部退至安全地点之后,对总电阻进行最后导通检测。总电阻值应与实际计算值符合(允许误差±5%)。若不符合,禁止接入电源开关。

2. 电爆网路的起爆电流

电力起爆常用的电源有干电池、蓄电池、起爆器、移动式发电机、照明电源和动力电源等。其中,干电池和蓄电池只适用于炮孔数量不多的小规模爆破。采用串联电路起爆。起爆器可以一次起爆数量较多的炮孔,其起爆数量和可以并联的电爆网路数量,应按起爆器材说明书使用,不可多于说明书规定的数量,而且可根据一次起爆的雷管数,适当选择稍大型的起爆器。起爆器使用前,应检查其充电电源的电量。时间较长(一个月以上)不使用的起爆器,应将充电电流撤除,以防漏电损坏起爆器。

大爆破的电源,可用移动式发电机、照明电或动力电源,但要按《爆破安全规程》要求,校核其电源电压和输出功率。

尽管起爆电源有多种多样,但选择电源应考虑以下基本原则:(1) 有一定的电压,能克服网路电阻而输出足够的电流;(2) 电源有一定的容量,能满足各支路电流总和的要求,都必须确保流经每个雷管的电流:一般爆破,交流电不小于2.5A,直流电不小于2A;大爆破,交流电不小于4A,直流电不小于2.5A。如果电压和电容量中有一方面不符合要求,就容易发生雷管拒爆。

在有瓦斯或矿尘爆破危险的爆破场所,只准使用防爆型起爆器作为起爆电源。

用动力电或照明电作为起爆电源时,起爆开关必须安放在上锁的专用起爆箱内。起爆开关箱的钥匙和起爆器的钥匙,在整个爆破作业时间内,必须由爆破工作领导人或由他指定的爆破员严加保管,不得交给其他人。

在一般爆破中,起爆器是首选起爆电源。它具有携带方便,使用灵活,操作简单,安全可靠等优点。它已形成系列产品,品种规格多,可根据不同爆破规模,选择不同型号的起爆器。表 3-6 列出了各种起爆器的型号、性能。

表 3-6 国产起爆器型号、性能

型 号	性 能						产 地
	起爆能力(发)	输出峰值电压(V)	最大外电阻(Ω)	充电时间(s)	冲击电流持续时间(ms)	重量(kg)	
MFB-25	25	450	100	12	<6	1.5	抚顺煤研所
MFB-50/100	50	430~450	170	12	<6	1.7	抚顺煤研所
MFB-5/100	50/100	900	170	6			抚顺煤研所
MFJ-100	100	900	320		3~6	3	营口无线电二厂
MFB-200	200	1800	620	6			抚顺煤研所
JZDF-300B	100/200	900	300	7~20			营口无线电二厂
QLDF-1000C	300/1000	500/900	400/800	15/40		5	营口无线电二厂
GNDF-1200B	1200	1800	900	50		5.8	营口电子研究所
GM-2000	4000 无桥 480	2000		80		8	湘西无线电厂
GNDF-4000C	铜脚线 4000 铁脚线 2000 抗杂 700	3600	600	10~30	50	11	营口电子研究所

使用起爆器作为起爆电源时,须注意以下问题:

(1) 电容式起爆器的特点是电压高,放电时间短,其放电特性见图3-14。因此网路更适宜串联网路。

(2) 起爆后,爆破员须立即取出起爆钥匙,以防误操作发生事故。

(3) 遇淋水工作面或下雨,须保护好起爆器,以防受潮漏电。

(4) 使用前先检查电源是否完好,充电时,能否达到额定电压。

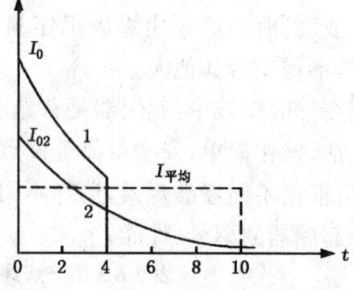

图 3-14 电容起爆器的电流变化
1—限制供电时间的电流变化;
2—不限制供电时间的电流变化

(5) 避免短路放电,以防损坏起爆器内的原件。

在以上介绍的各种起爆电源中,移动式发电机、动力电和照明电三种是最可靠的起爆电流。因此对于重要爆破和大爆破,应选用这三种电源。

3. 导线

电爆网路中的导线一般采用绝缘良好的铜线或铝线,在深孔爆破中孔内的端线有时选用一定粗细绝缘良好的铁钱。在中小爆破中,常选用多股铜芯软胶质线。在大型爆破网路中,常将导线按其位置和作用划分为:端线、连接线、区域线和主线。

(1) 端线:雷管脚线的延长线。一般雷管脚线长度为2m,当孔深较大时,脚线不够长,须将它加长才能引出孔口或药室外。所联接的这段导线称为端线。端线通常用断面为 $0.2\sim0.4\mathrm{mm}^2$ 的铜芯塑料皮软线,也可采用多股铜芯塑料皮软线。

(2) 连接线:用来连接相邻炮孔或药室的导线,一般用 $1\sim4\mathrm{mm}^2$ 的铜芯或铝芯塑料皮线或多股铜芯塑料皮软线。

(3) 区域线:连接分区之间的导线称为区域线。当一爆破网路由几个分区组成时,连接各分区并与主线连接,多用铜芯或铝芯线,其断面积比连接线稍大的导线。

(4) 主线:连接区域线与电源的导线,通常采用断面为 16~150mm² 的铜芯或铝芯电缆,其断面大小根据通过电流大小确定。

当雷管自身的脚线能伸出孔口或药室外时,就不须要端线;当爆区范围小,一爆破网路没有分区时,就不须要区域线。

对爆破用导线的基本要求:

1) 绝缘耐压一般要大于 500V 或 250V,采用高压起爆器时,耐压须更高一些。

2) 电阻系数小,导电性能好。

3) 有一定的强度与韧性,在施工中拉伸、屈折时不易断裂。

4) 每次爆破都要损耗一部分或大部分导线,因此要求价廉,便于购置。

部分铜质和铝质材导线的规格见表 3-7。

表 3-7 铜、铝质导线直径与电流强度和电阻的关系

导线线芯			电线外径(mm)	线芯面积(mm^2)	铜 线		铝线 20℃电阻 Ω/km		
铜、铝线根数	单股直径(mm)	线芯直径(mm)			容许延续电流强度(A)	电阻 20℃时(Ω/km)	容许延续电流强度(A)	$\rho=0.030$	$\rho=0.028$
1	0.8	0.8		0.53	10	36.00	8	61.8	57.7
1	0.97	0.97	3.6	0.75	13	24.00	10	41.2	38.50
1	1.13	1.13	3.7	1.00	15	17.80	12	30.5	28.45
1	1.37	1.37	4.0	1.50	20	11.84	15	20.25	18.90
1	1.76	1.76	4.4	2.50	27	7.12	21	12.12	11.40
1	2.24	2.24	4.8	4.00	36	4.46	28	7.65	7.25
1	2.73	2.73	5.3	6.00	46	2.91	35	5.08	4.76
7	1.33	3.99	7.6	10.00	68	1.78	52	3.05	2.84
7	1.68	5.04	8.9	16.00	92	1.11	71	1.90	1.78
7	3.11	6.33	10.6	25.00	123	0.71	95	1.22	1.14
7	2.49	7.47	11.8	35.00	152	0.54	117	0.93	0.88

电爆网路中导线的联接，都应遵照电线的联接方法进行。对于重要爆破或大爆破，联接工作最好由电工进行操作，特别是爆破母线、区域线的联接，见图3-15和图3-16。联接铝芯线时，要注意防止氧化和损伤，以免增加接头电阻带来拒爆。线路联接时，对于芯线裸露在空气中时间长的，联接前要剪去其裸露部分或用砂纸擦去氧化层再进行接线。接线时，手必须干净、干燥。线头联接牢靠后，用绝缘胶布包扎紧。在洞内联线时，注意接头不要泡在水中。在潮湿工作面，接头应用防水胶布包紧。在露天联接线路时，遇地面有水或雨天，除线头作防水处理外，还应把导线悬挂起来，以免进水漏电。

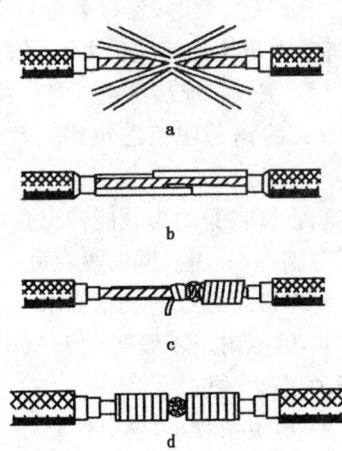

图3-15 多股绞线连接法
a—两个扳成伞骨状线依此交互插合；
b—插合线头压附于两边线头面上；
c—先将一边缠绕定后依样再绕另一边；
d—两边缠绕接完成形对称

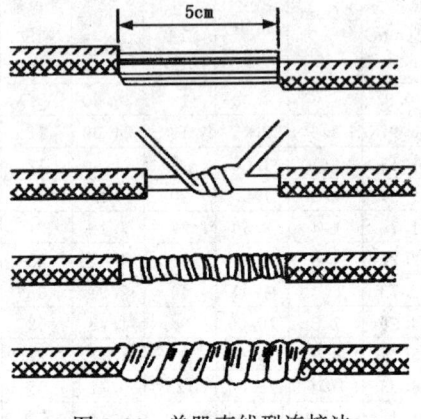

图3-16 单股直线型连接法

对于大型的硐室爆破,有的硐室装完药后,需经一个多月后才进行爆破,在这种情况下,硐内不但空气潮湿而且硐内还散发着浓度很大的硝酸铵蒸气,对导线接头的腐蚀很厉害。因此遇到这种情况,线头接好后,最好用环氧树脂胶紧密封严,以免受腐蚀影响通电造成拒爆。

四、电爆网路的连接及其计算

在爆破工程中,电爆网路的连接形式,要根据爆破方法、一次爆破规模、工程的重要性、所选起爆电源的种类和其起爆能力等进行选择。爆破设计和施工中应力求使网路中所有雷管都能可靠地起爆。

不同的连接方式,可以构成不同形式的电爆网路。电爆网路的基本连接方式有:串联、并联、串并联和并串联等。

1. 串联电爆网路

串联电爆网路是将雷管的脚线或端线,依次联成一串,通电起爆时,电流连续流经网路中的每发雷管,这时网路的总电阻等于各部分导线电阻和全部雷管电阻之和,见图3-17。

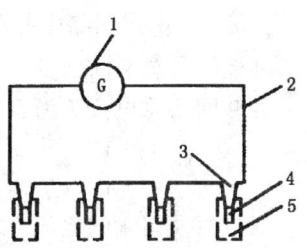

图3-17 串联网络
1—电源;2—主线;3—脚线;
4—电雷管;5—药室

$$R = R_{线} + nr$$

式中: R——线路总电阻欧姆;
n——串联雷管数;
r——每个雷管电阻欧姆;
$R_{线}$——所有线路电阻欧姆。

电爆网路总电流 I 为:

$$I = \frac{V}{R} = \frac{V}{R_{线} + nr}$$

式中:V——起爆电源电压(V)。

通过每发雷管的电流 i 为：

$$i = I = \frac{V}{R_{线} + nr}$$

计算的电流值 i 必须大于或等于上述规定的电流值。

串联电爆网路是最简单的连接方式，其操作简单，联线迅速，不易联错；用仪表检查方便，容易发现网路中的故障，也容易找到故障发生处；整个网路所需的总电流小，计算也简单，在小规模爆破中，被广泛应用。但由于串联的雷管数受电源电压限制，不能串联较多雷管。这种连接网路最适用于起爆器起爆。

2. 并联电爆网路

并联电爆网路是将所有的起爆雷管两根脚线或端线分别联接到两根起爆主线上，见图 3-18。这时并联电爆网路总电阻 R 为：

$$R = R_{线} + \frac{r}{m}$$

式中：$R_{线}$——所有导线电阻欧姆；

m——电爆网路中并联的数目；

其他符号意义同前。

并联网路总电流 I 为：

$$I = \frac{V}{R_{线} + r/m} \quad (A)$$

通过每发雷管的电流 i 为：

$$i = \frac{I}{m} \quad (A)$$

i 应大于或等于上述规定的电流值。

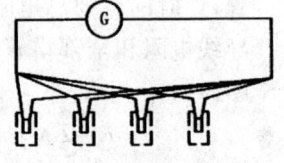

图 3-18 并联网路

并联电爆网路的优点是网路中每发雷管都能获得较大的电压和电流，网路中敏感的雷管先爆炸后，其他雷管仍留在电路里，只要网路没有被拆断，其他未爆雷管一直有电流供给且电流逐渐增加，确保了网路电雷管的准爆性。并联网路所需的电流强度大，当雷管数量较多时，往往超过电源的容许能量，因此适宜选用容量大的照明电和动力电源，不宜用起爆器起爆并联网路。另外所选的导线电阻尽量小些,否则电源能量大部分消耗在爆破线路上。由于多发雷管并联后,雷管总电阻变得很小,因此用仪表检查雷管是否漏接比较困难,所以这种大并联网路,在实际爆破中应用较少。

3. 混合联电爆网路

混合联就是先串联后并联或先并联后串联这两种基本形式,如图 3-19、图 3-20。根据不同的爆破规模和爆破类型选择不同的联接方式。如露天深孔爆破中,常用两组起爆药包,每组起爆药包用两发雷管起爆,有时将两发雷管并联到孔口后与另一组雷管串联到连接线上,也有采用一个起爆药包的两发雷管串联,端孔伸出孔口后,两组起爆雷并联再接到连接线上。对于一次爆破起爆雷管数量较多时,多采用数发雷管串联成一组再将各组并联到起爆线上成为串并联网路。这些混合联的网路计算都相似。电爆网路总电阻 R 为:

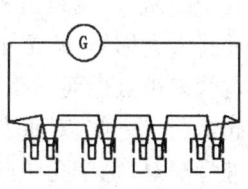

图 3-19 串并联网络

$$R = R_{线} + nr/m \ (\Omega)$$

式中符号意义同前。n 为每串电雷管数目。

电爆网路的总电流 I 为:

$$I = \frac{V}{R} = \frac{V}{R_{线} + nr/m} \ (A)$$

通过每发电雷管的电流 i 为:

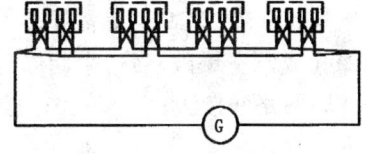

图 3-20 并串联网路

$$i = \frac{I}{m} = \frac{V}{mR_{线} + nr} \ (A)$$

同样该电流 i 必须大于上述规定电流值。

一般认为,并串联的优点是拒爆率较低,在露天深孔爆破或硐室爆破时,一个起爆药包装 2~3 发电雷管时,有采用 2~3 发雷管并联,然后各组起爆药包的雷管再串联起来的联接方法。这种联法的缺点是当 2~3 发雷管中有一发处于短断路时,通电后,绝大部分电流从短路的雷管流走,其他 1~2 发雷管没有或仅有微弱电流通过而造成整个药包拒爆。另一种情况是同一个药包中有一发雷管处于断路时,流经另一发雷管的电流增加一倍,相应的桥丝熔断时间将大大缩短,甚至小于网路中某些雷管的点燃时间。此时,这些雷管未被点燃而网路已被切断,从而使这些雷管拒爆。因此在加工起爆药包之前,对每发雷管应认真检查其电阻,必要时还应对电阻进行配对,每个孔装药完备后,再用仪表检查孔内雷管电阻是否正常,发现雷管短路或断路,应及时采取补救措施。

另一种联接形式是串并联。在每个起爆药包中的两发雷管,不在同一串联网路内,而是独立的两串联组。这种联接法,比前述几种网路准确起爆的可靠性增加了。除非在同一个起爆药包里所装的两发雷管都是拒爆雷管,这个药包才会出现拒爆。这样的药包拒爆率只有百万分之几,而并串联的拒爆率为十万分之几,但一旦出现一发断路时(仪器未检查出),其他药包中的雷管就可能全部或部分拒爆,那么药包拒爆率就会大大增加。所以从准确起爆的可靠性看,串并联起爆网路是比较理想的一种方法,而且这种网路也便于检查和处理。其缺点是需要多消耗一些导线,成本稍高一些。对于深孔或硐室爆破,当一个起爆药包装 2~3 发雷管时,建议选择串并联网路联接法。

五、电力起爆法施工程序

电力起爆法的施工过程包括起爆药包的加工、装药、堵塞,电爆网路的联接、导通、网路检查、电阻平衡、电源检查、通电起爆。

在加工起爆药包之前,按《爆破安全规程》规定,电雷管使用前,应在单独房间里(不超过 6 个月的野外流动爆破作业允许在室外安全地点)用专用爆破仪表逐个检查每次爆破所用的电雷管电阻值;电阻值应符合产品证书的规定。被检测的雷管应放在防护板后面或钢管里,每个工作台上存放的雷管数不得超过100发,检查合格的雷管的两脚线必须短路联接。必要时,把每个雷管的电阻值标写在雷管上,以便网路电阻平衡,配对用。检查出不合格的雷管,堆放在一起,以便集中处理,且不得丢失。

1. 网路联接与电阻检测

(1) 网路联接

爆破网路的联接必须在工作面的全部炮孔(或药室)装填完毕和无关人员全部撤至安全地点之后,由工作面向起爆站依次进行。两线的接点应错开10cm,接点必须牢固,绝缘良好。每个支路的联接完好后,测定每个支路的电阻值,与设计电阻相对照,准确无误后,记下电阻值,并将支路短路。各支路联好后,按爆破网路设计联成起爆网路,测量网路总电阻,无误后才能与主线联接,最后接入起爆电源。

(2) 雷管及网路导通

1) 导通仪表及使用方法。电力起爆与其他起爆方法比较,最大的优点就是可以用仪表检查雷管和网路的好坏,把其所造成拒爆的因素预先排除。

检测雷管的目的,主要是检查雷管和网路是否有断路、短路、漏联及接头联接质量等。

用于检测电爆网路的方法有两种:一种是电阻法,一种是电流法。一般常用电阻法。电阻法是一种传统的检测方法,通过测量雷管或网路的电阻,就可以判断其好坏。我国电阻法常用检测仪器有两类:平衡式电桥,如QJ4型线路电桥、205型爆破电桥、205-1型线路电桥,非平衡式电桥,如B-1型爆破电表、205-1型爆破欧姆表、QJ-41电雷管测试仪等。

电阻法式检测方法:将导通仪放置水平并放稳,打开盖子,检查电池盒内电池是否完好和装好,转动零位调整器,使指针指示零欧姆线上。如果指针不能调零时,说明电池电压偏低,应更换电池。将雷管脚线或端线(或爆破线)两端接于仪器的两个接线柱上。将量程开关旋于适当的挡位上(视待测的电阻范围而定),按下按钮开关,在表头上即可读出被测电阻值。

导通仪使用一段时间后,其精度会下降,可用导通仪测量标准电阻箱进行校正。

2) 导通仪使用中的安全问题。选用检测雷管或网路的导通仪表应注意:

A. 仪表的工作电流和最大误差工作电流。所谓工作电流是指用导通仪测量雷管或网路时通过雷管的电流大小;最大误操作工作电流是指对仪表不熟悉,或操作不当,在操作错用挡位、接线错误或操作违章时通过雷管的电流。

测量雷管的仪表很多,其工作电流各不相同,但它们的工作电流(包括误操作时最大工作电流都应小于30mA)。判断导通仪实际测量时的工作电流值是否安全,可用测量杂散电流的杂流仪对导通仪进行测定校核。操作方法是:将杂流仪的接线柱联好,把杂流仪当作雷管,用导通仪按导通电雷管的顺序操作,此时在杂流仪上读出的电流值,即为导通仪的工作电流。将导通仪的电位器调至最小,并对各挡位进行测定,杂流仪显示的电流值,即为最大的误操作工作电流。

B. 仪表结构的合理性。有些仪表,尽管其工作电流和最大的误操作电流都小于规定的安全电流,但由于结构不够严密,电池盒盖子有小缝隙,导通雷管时,细小的雷管脚线插入缝隙内电流的一极,另一根脚线接到电源的另一极而造成雷管爆炸。

2. 通电起爆

当确认所有人员均撤出爆区至安全线外,爆破网路联接、导通均确认无误后,此时才准将爆破主线接入电源,周边警戒工作完备后,向爆破负责人报告,爆破负责人发出起爆信号立即起爆并切断电源。

起爆后,露天爆破经5min(不包括硐室大爆破)、地下爆破经15min(经通风排烟合格)后,先由爆破员进入爆区检查有无盲炮,确认无盲炮后,发出解除信号,其他人员才能进入爆区作业。

六、电力起爆法的优缺点评价

1. 优点

(1) 可远距离控制起爆,比导火索火雷管起爆法安全、可靠。

(2) 可预先用仪表检测起爆网路的质量,预先消除线路中可能产生拒爆的隐患,确保可靠起爆,这是所有非电起爆法所不能相比的。

(3) 可以严格控制起爆顺序和起爆时间及延期间隔时间。

(4) 可同时或分段起爆数量较大的药包群,提高爆破工作效率。

由于电力起爆法具有较安全、可靠、准确、高效等优点,在国内外仍占有较大比重。在大、中型爆破中,主要仍是用电力起爆。特别是在有瓦斯、矿尘爆炸的环境中,电力起爆几乎是唯一的起爆方法。

2. 缺点

(1) 容易受各种电信号的干扰而发生早爆,因此在有杂散电、静电、雷电、射频电、高压感应电的环境中,不能使用普通电雷管。

(2) 网路的联接、导通及电参数计算较复杂、烦琐,特别是井下深孔大爆破,一次爆破用的雷管数多(有的一次用上万发雷管),爆破网路复杂时,连线、导通要耗费大量时间。

二、火雷管起爆法

火雷管起爆法是最古老的起爆方法。这是利用导火索传递火焰点燃火雷管进而起爆炸药。这种起爆法所需的材料有:导火索、火雷管、点火材料。

(一) 点火材料及点火方法

导火索及火雷管的结构、性能已在前面介绍了,因此本节主要讲述火雷管的点火材料及点火方法。

1. 点火方法

(1) 单个点火。这是最简单的点火法,即用点火器材将加工好的导火索逐个点燃的方法。它适用于起爆的雷管数量少(一人一次点火小于 5 个)的小型爆破。

(2) 集中点火法。所谓集中点火是指将数根导火索集中在一处成为一组,点火时只点燃一根导火索,即可把整组导火索点燃。其常用的点火方法有以下几种:

1) 点火筒一次点火。点火筒由浸蜡的纸筒做成,其直径根据要装入的导火索数量而定,一般为 20～50mm,长为 40～50mm,一端开口放入导火索,另一端封闭如图 3-21,筒底粘有 2～3mm 厚的黑火药饼。为保证药饼燃烧时气体排出筒外,在药饼所处的筒壁部位开了 3～4 个排气孔,排气孔外包一层浸蜡的纸,以防药饼受潮。使用点火筒时,按起爆顺序将每根导火索切取不同长度,切好后,将端部对齐,加入一段导火索段,全部插入筒中至药饼面后,用麻绳系紧,点火时只点燃点火索即可。当炮孔较多需依次点燃时,各组间点燃顺序由点火段的长短控制,相邻两组点火索段长度差为 20～50mm。

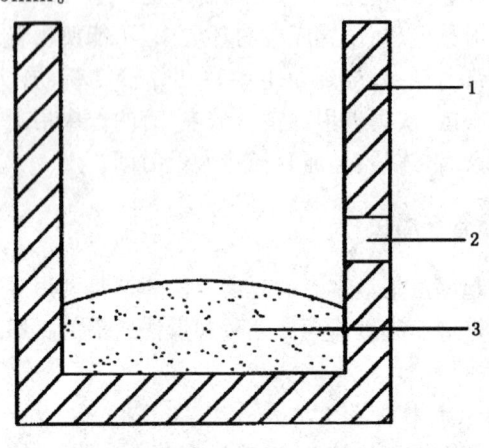

图 3-21 点火筒
1—纸筒;2—排气孔;3—药饼

2) 土引线一次点火。它是用民间生产爆竹的引线,将三根合拧成一段,引线长度按需要而定;一般取 3～5m,然后将其绕成小团,装在塑料袋中以防受潮。待到工作面装完药后,从袋中取出使用。用它连接导火索,一般应超出炮孔口 0.5～0.8m 为宜,用锐利的小刀在导火索一端约 30～50mm 处切一斜口,使导火索药芯露出,以供引线夹入导火索中牢固夹紧,如图 3-22。炮孔较少时,只用一根引线连接即可,炮孔数多时,可分组连接。

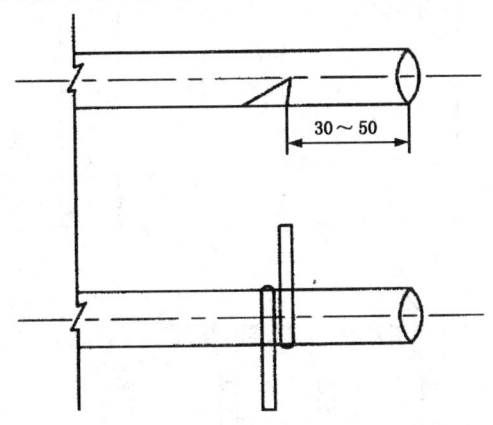

图 3-22　土引线点火法连接
1—导火索;2—土引线

土引线一次点火法,简单方便,容易掌握,而且可节约导火索,但在淋水工作面不宜使用。

3) 铁皮三通一次点火。铁皮三通是用厚 0.3～0.5mm 薄铁皮制成,形成如图 3-23 所示。外形像一个圆筒,圆筒的一端伸出两个小爪,用于和导火索主线连接。圆筒内径等于导火索外径,用于插入通至各炮孔的导火索。主线的长短视连接支导火索数量而定。切取一段导火索作主线,用锋利小刀在其上割若干个"V"形切口,切口间距 100mm 左右,切割深度至导火索药芯。切好后将铁皮三通对准切口卡住,用钳子弯转小爪夹紧主线,然后将各炮孔的导火索插入三通,插入前切去导火索端部 30~50mm,切成垂直面,各炮孔导火索的长度差异,据响炮顺序确定。为防止各炮孔导火索在炮响时被打断而发生拒爆,应考虑第一个炮孔爆炸时,最后一个炮孔的导火索已燃至孔内。

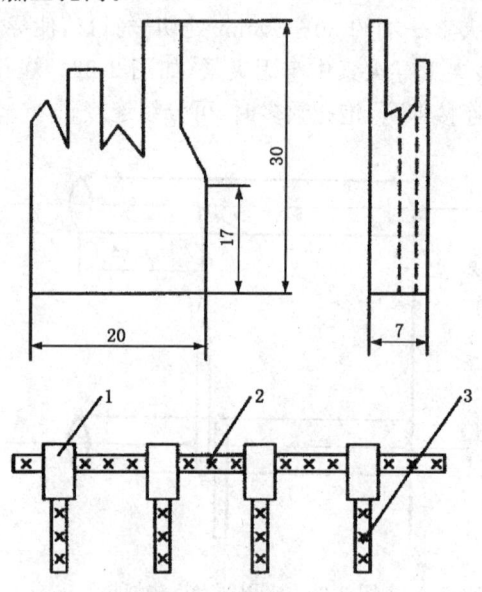

图 3-23 三通一次点火法
1—铁皮三通;2—主导火索;3—支导火索

4) 钢丝电阻圈一次点火。它是在导火索的端部切斜口,在斜口中夹上一段带有塑料脚线的钢丝电阻圈,通电后电阻被烧红并点燃导火索药芯,从而引爆火雷管。这种电阻圈,采用直径为 0.1~0.3mm 的钢丝,在直径为 0.6~0.7mm 的轴上绕 4~5 圈,两端分别焊在两根脚线上而成。各个电阻圈的圈数基本相等,才能获得均等的电流,确保准爆。在淋水工作面使用时,应包扎涂蜡。

5) 竹筒一次电火。使用竹筒一次点火法,具有就地取材、简单可靠、经济实用等优点。取竹筒一节,直径为 40~50mm,长 50mm。在竹筒的同一高处的圆周上均匀钻孔,孔径与导火索外径相等,使用时将各炮孔的导火索插入其中,留下一孔插入一根导火索段作为点火用。根据各孔的起爆顺序,切取不同长度的导火索,起爆时,只需点燃点火的导火索,就可将所有导火索点燃。若一次起爆的炮孔数较多,可使用几个竹筒来解决。

6) 导爆管一次点火。它是利用导爆管来点燃导火索,实现一次点火的方法。此法安全可靠。具体操作:按炮孔的起爆顺序切取不同长度的导火索,其一端装入火雷管固紧,另一端装入金属连接套,并将导爆管插入塑料塞内的装入金属连接套内与导火索相接触。用紧口钳将导火索和装有导爆管的塑料塞固紧即可。起爆前将导爆管联成一束或串并联方式起爆,详见导爆管起爆法。

导爆管一次点火法,技术上可靠,经济上合算,操作安全,可减少炮烟,改善劳动条件,时间控制也较准确,有利于提高爆破效果。

2. 点火材料

用于点燃导火索的材料称为点火材料。点火材料有:点火绳、点火棒、拉火管、导火索段等,最常用且方便、可靠的是导火索段。

导火索段的加工:切取一段导火索段,每隔 50～100mm 切一斜口,切深至导火索药芯处,点火时,点燃导火索段,利用火焰递到导火索切口处的喷火点燃起爆的导火索。这种点火迅速、可靠。

(二) 导火索起爆法的有关规定

1. 导火索起爆时,应采用一次点火法点火。

单个点火时,一人连续点火的根数(或分组一次点火的组数),地下爆破不得超过 5 根(组),露天爆破不得超过 10 根(组)。

导火索的长度应保证点完导火索后,人员能撤至安全地点,但不得短于 1.2m。

2. 同一工作面由一人以上同时点火时,应指定其中的一人为组长,负责协调点火工作,掌握信号管或计时导火索的燃烧情况,及时发出撤至安全地点的命令。

3. 连续点燃多根导火索时,露天爆破必须先点燃信号管,井下爆破必须先点燃计时导火索。信号管响后或计时导火索燃烧完毕,无论导火索点完与否,人员必须立即撤离。

信号管和计时导火索长度不得超过该次被点导火索中最短导火索长度的三分之一。

4. 必须用导火索或专用点火器点火,严禁用火柴、烟头和打火机点火。严禁脚踩和挤压已点燃的导火索。

点火前必须用快刀将导火索切掉 5cm。严禁边点火边切导火索。

(三) 火雷管起爆法施工操作程序

1. 加工导火索

将经检验质量合格的导火索,用快刀按需要的长度切成导火索段。端部一端切平以装入雷管内,另一端切成斜形,以利点火。

2. 装配起爆雷管

将切取好的导火索,切成垂直面的一端插入火雷管里,并与加强帽轻轻接触。插入时不准挤压和旋转,以免引起雷管爆炸。导火索与火雷管的连接要牢固,以免两者脱离,与纸雷管结合时,要用胶布在连接处固定牢;与金属火管结合时,用紧口钳在离管口 5mm 处夹紧固定。

3. 加工起爆药包

加工起爆药包应在工作面或其附近的安全位置,由熟练的爆破工专门进行。作为起爆药包的药卷应质量好、没有结块的药卷。在药卷的轴心,用铜、铝或竹、木锥子扎一个比雷管直径稍大的孔,将雷管全部埋入,并用胶布或细绳捆扎牢靠待用。

4. 装药、堵塞

用炮棍检查炮孔是否畅通,孔深、孔位及其他炮孔参数是否符合设计要求,若有变化,调整孔装药量后,进行装药。装药时,用炮棍将药卷轻轻推到位,并将起爆药包放置合适位置。装药完毕后,将符合要求的炮泥,装入孔内,用炮棍轻轻堵塞,堵塞 10cm 后,加大堵塞力度,直至将炮泥紧密的堵到所需长度。

5. 点火起爆

装填完毕后,发出警戒信号,并在相应位置设置警戒,无关人员撤至安全区域后,由爆破工点火起爆。

6. 盲炮检查

起爆后,按规定时间,由爆破工进入爆区检查有无盲炮,确认无盲炮后,其他人员方能进入工作面进行作业。

(四)优缺点

1. 优点

操作简单、灵活;使用方便,成本较低。目前还在广泛应用于小型爆破和掘进。

2. 缺点

安全性差;导火索的速燃、缓燃等弊病难于克服,在爆破中,事故所占比重最大。不能多处装药同时起爆;不能准确控制爆破时间,一次爆破规模小,爆区的有毒气体增加;在淋水工作面起爆不可靠,无法用仪器检查网路等。它的缺点突出且难于克服,因此这种起爆法逐渐被其他起爆法所取代,国外不少先进国家已取消这种起爆方法。

火雷管起爆法适用于浅孔爆破和裸露爆破中。巷道掘进中也应用普遍。在有瓦斯和矿尘爆炸的场所禁止使用。

三、导爆索起爆法

用导爆索直接起爆炸药包的方法叫导爆索起爆法。首先用雷管起爆导爆索,经导爆索的爆轰波传至炸药包时,将炸药引爆。在需要延时分段起爆的地方,将导爆索中接入继爆管,就能达到导爆索毫秒爆破的目的。

这种爆破法所需起爆材料有:雷管、导爆索和继爆管等。

(一)导爆索起爆网路

导爆索起爆网路常用的有:串联、簇并联、单向分段并联和双向分段并联等。

1. 单并网路

将伸出孔口的导爆索,按同一方向连接在一根主导爆索上的起爆网路叫做导爆索单并网路(如图 3-24)。这种网路联接简单、方便,适用于小规模爆破。这种网路如果主线发生断爆,后面的炮孔都会拒爆。

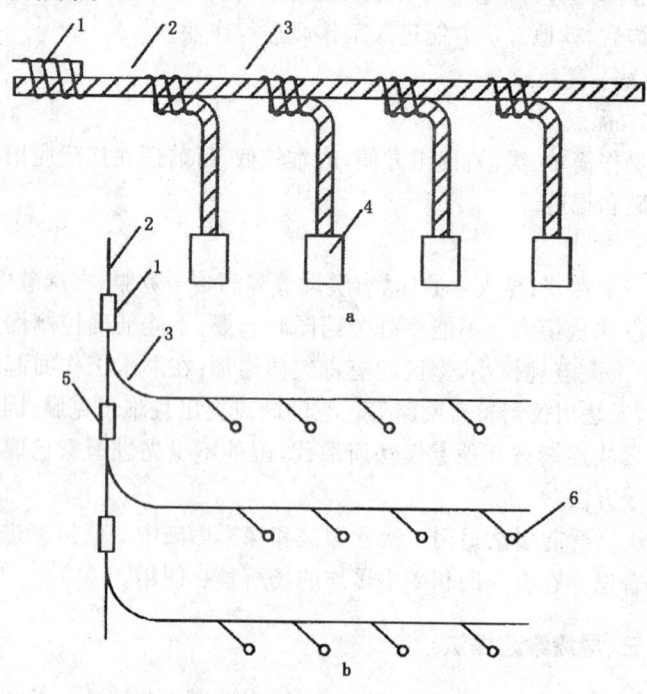

图 3-24 导爆索分段并联起爆网路
a—普通分段并联; b—微差分段并联
1—雷管;2—主导爆索;3—支导爆管;
4—炮孔装药;5—继爆管;6—炮孔

2. 簇并联

簇并联是将伸出孔外的导爆索末端连成一束或几束,再将它们连接到主干导爆索上的联接网路,一般只用在炮孔较集中的场合。这种联接法,消耗的导爆索较多。

3. 单向分段并联

单向分段并联也叫侧向并联或开口并联网路,将各孔口伸出的导爆索按同一方向并联在支路导爆索上,再将各支路导爆索按同一方向并联在主干导爆索上的联接网路(如图 3-25)。为实现毫秒爆破,可在网路上适当位置装上继爆管。这种网路连接简单,消耗导爆索也较少,且可实现大区微差爆破,因此适用于中小型爆破。

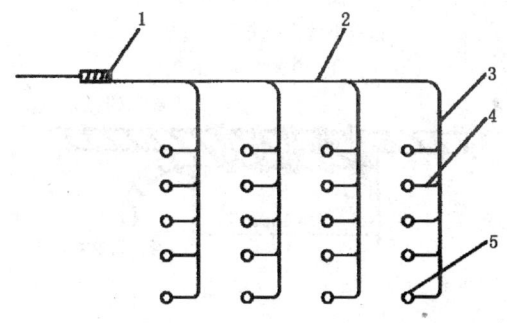

图 3-25 导爆索单向分段并联
1—火线雷管;2—主干系;3—支干系;
4—引爆索;5—炮孔

4. 双向分段并联网路

双向分段并联又叫环形网路,见图 3-26。其特点是由炮孔引出的导爆索可同时接受从主干索或支干索传来的爆轰波,引爆孔内导爆索。这种网路起爆可靠性较高。若支干索或主干索有一段拒爆,爆轰波还能由另一方向传来。井下爆破工程,为了克服冲击波破坏网路,往往采用这种联接方式。它的缺点是导爆索、继爆管消耗量增加,网路敷设、操作较复杂。

(二)导爆索联接方法

导爆索的联接有:搭接、扭接、T 型接、水手接(见图 3-27a、b、c),三角形联接等(见图 3-28)。联接质量和正确与否,是拒爆与否

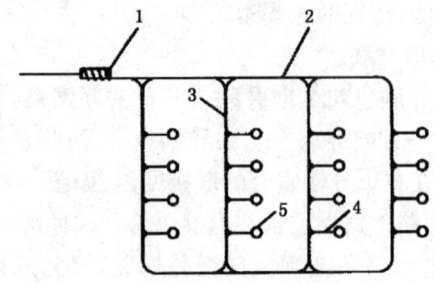

图 3-26 环形网路
1—火线雷管;2—主干系;3—支干系;
4—引爆索;5—炮孔

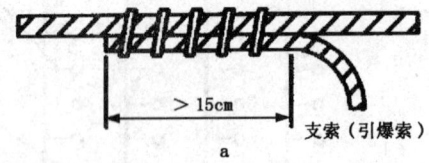

a

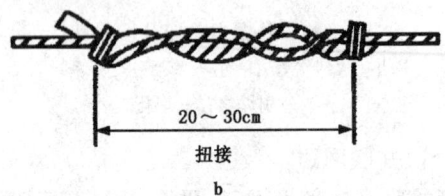

扭接

b

水手接

c

图 3-27 导爆索搭接法和接长法
a—搭接法;b—接长法;c—水手接

的关键,因此联接时必须认真、接牢。

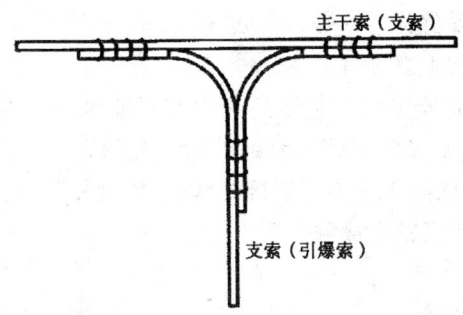

图 3-28 三角形联法

1. 搭接

如图 3-27a,搭接长度不小于 150mm,主干线与分支干线或分支干线与孔内导爆索的联接,其夹角不大于 90°。其接头应朝向爆轰波传爆的方向。这种联接用得最多。

2. 扭接

如图 3-27b,扭接长度不小于 200～300mm。扭接后两根导爆索的端都用胶布或细绳捆紧。这种联接牢固,传爆可靠。

3. T 型接

联接后,要拉紧。

4. 水手接

如图 3-27c。联接时拉紧,使索与索之间紧密接触。水手结联接法牢固,不易拉脱,传爆可靠,适用于深孔或药室内导爆索之间的联接。

5. 三角形联接

如图 3-28,为了传爆更加可靠,防止弄错传爆方向,可采用这种联接法。它不论主导爆索传爆方向如何都能保证起爆,如在双向分段并联网路中,所有主干索与支干索或支干索与孔口伸出的导爆索全部采用三角形联接。

(三) 导爆索起爆法的施工程序

导爆索起爆法施工包括起爆药包的加工、导爆索的连接和网路敷设及起爆雷管与导爆索的联接等。

1. 起爆药包的加工

将合格的导爆索与起爆药包用胶布或细绳牢固地捆扎在一起,使两者紧密接触,见图 3-29,然后装入深孔中。在小直径或浅孔爆破中,孔内导爆索不应有接头,以免影响装药。装药过程中,应使药卷与导爆索紧密接触。

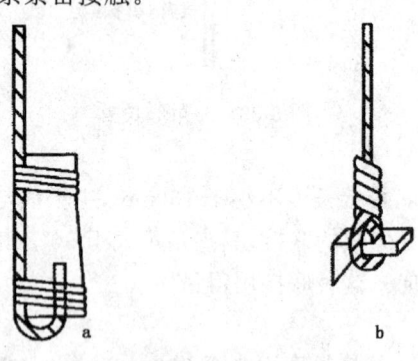

图 3-29 导爆索起爆药包
a—导爆索直接绑扎在药包上;
b—导爆索一端系一块石头

2. 导爆索的联接

将孔内伸出的导爆索按上述的联接方法与支干索或主干索联接好。

3. 网路敷法

网路敷设严格按设计的方式和要求进行。敷设应从远处地段逐步向起爆地点靠近。即从炮孔与支干索、支干索与主干索逐步敷设过来。网路敷设时,索与索之间不能交叉,导爆索尽可能拉直,若遇到非交叉不可时,交叉处的导爆索之间应加一厚度大于 100mm 的垫层隔开,以免发生诱爆,打乱原设计的起爆顺序。敷设时还应避免打结、扭折及拐角小于 90°以影响传爆或传爆中断。在硐室爆破时,避免导爆索与铵油炸药直接接触,需要接触的部分用塑料布将导爆索包好,以免渗油影响传爆性能。

4. 安装起爆雷管

网路敷设完毕后,经检查无误,爆区内所有人员撤至安全地点后,将起爆雷管连接到导爆索上,使雷管的集中穴朝着传爆方向,雷管捆扎在离导爆索端150mm以上的位置,雷管与导爆索紧密接触,用胶布或细绳捆扎牢固,见图3-30。

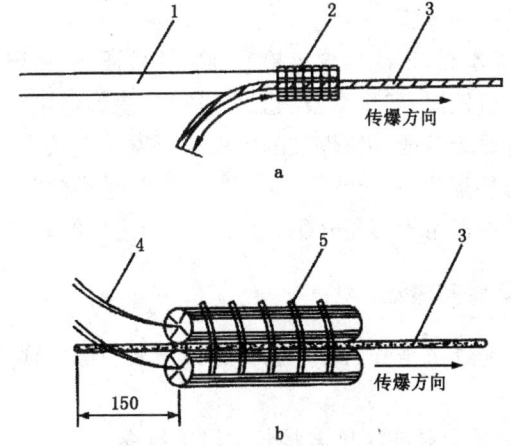

图3-30 导爆索起爆的联接方式
a—用雷管起爆;b—用药包起爆
1—脚线;2—电雷管;3—导爆索;4—导火索;5—药包

5. 起爆

所有人员撤出危险范围后,周边警戒无误,接到起爆信号立即起爆。

(四)导爆索起爆法的一般规定

1. 只准用快刀切割导爆索,但禁止切割接上雷管或已插入炸药里的导爆索。

2. 导爆索网路应采用搭接、水手接等方法联接。搭接时,两根导爆索重迭的长度不得小于15cm,中间不得夹有异物和炸药卷,捆绑应牢固。支线与主线传爆方向夹角不得大于90°。

3. 导爆索网路除连接时的水手结外,禁止打结或打圈。

（五）导爆索起爆法优缺点

优点:安全性好,传爆可靠;操作简单,使用方便;可以使成组的深孔或硐室装药同时起爆,由于其爆速高,可提高弱性炸药的爆速和传爆可靠性;由于起爆瞬时性好,是光面爆破和预裂爆破的理想选择;能实现延期时间不大的微差起爆(配合继爆管);能抗各种电信号的干扰和危害。

缺点:成本高,不能用仪表检查网路连接质量;传爆时噪音大,不能用于城镇控爆;实现多段(超过8段)微差起爆比较困难。一般用它作为重要爆破或硐室爆破的辅助起爆网路是很合适的。

用强力导爆索(每米装药40g以上),作地质勘探,效率极高,普通工业导爆索用于石材开采,近几年来应用广泛。

四、导爆管起爆法

导爆管起爆法是利用导爆管传递冲击波引爆雷管进而起爆炸药的方法。

（一）导爆管起爆法所需材料及网路组成

1. 所需材料有:击发元件、导爆管、连接装置、雷管等

击发元件用于击发导爆管的元件,其装置形式多种多样,击发枪、击发笔、高压电火花、电引火头、火雷管、电雷管、导爆索等都可作为导爆管的击发元件。

击发枪是靠冲击或弹簧压缩伸张的力量撞击火帽(或纸炮)产生激波击发导爆管。现在已使用不多。

击发笔是将击发器做成笔的形式,两个电极就如笔尖,起爆时把击发笔的笔尖插入导爆管孔内,充电后,一按起爆按钮使笔尖放电产生电火花,利用放电产生的激波击发导爆管。

高压电火花,其起爆原理与击发笔相同,它是靠电流充电、电容升压、两极间短距离放电来起爆导爆管。工程爆破常用容量较大、电压高(达1800V以上)的起爆器,通过电线进行远距离操作,

实现起爆导爆管进而起爆整个导爆管网路。

电引火头是将电雷管的引火头塞进导爆管中心孔内,给电时,引火头发火,它产生的激波将导爆管击发。因引火头不好携带、易碎,防潮抗水能力差,故使用不多。

火雷管或电雷管起爆导爆管是靠雷管爆炸时产生的冲击波来起爆导爆管,工程爆破中,广泛使用。捆绑结实、牢固,一发雷管一次可起爆 20 根甚至上百根导爆管。捆绑时,把导爆管均匀分布在雷管圆周上,用胶布或细绳均可。若雷管为金属外壳时,捆绑之前,先在雷管外壳上挠一层胶布再捆导爆管起爆更为可靠。

2. 导爆管起爆网路组成部分

导爆管起爆网路的基本组成部分有:击发元件、传爆元件、联接装置、起爆雷管等。

传爆元件就是导爆管,它一头与击发元件联接,一头与联接装置联接。

联接装置,其形式可多种多样,有联接块(见图 3-31)、联接三通、四通(见图 3-32),多通或集束式联通管等(见图 3-33),它是用来固定传爆雷管或传爆导爆管的装置。它起着把传爆元件传来的激波向下传递给传爆雷管或导爆管直至起爆雷管的作用。

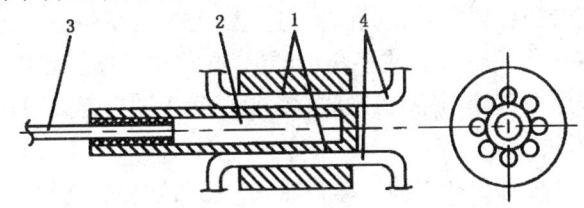

图 3-31 联接块及导爆管联通装配图
1—塑料联接块主体;2—传爆雷管;3—主爆导爆管;4—被爆导爆管

起爆雷管,由一定长度的导爆管通过塑料或橡胶塞与雷管连成一体。起爆雷管一头与联接装置相连,另一头装入起爆药包内,

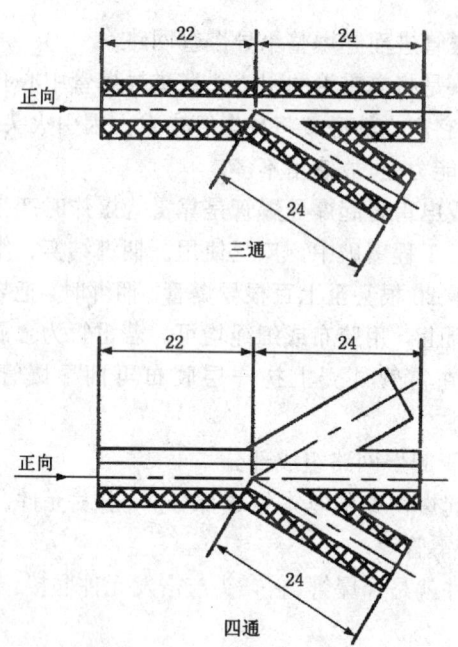

图 3-32 三通、四通

用于起爆孔内药包。

(二) 导爆管起爆网路

导爆管的传爆特点是只能轴向传爆,它本身不能径向传爆。为使导爆管一次引爆多孔或多药包群爆,必须靠导爆管起爆网路来实现。导爆管起爆网路有:簇联、簇并联、簇串联等起爆网路。

1. 簇联

把炮孔内伸出孔口的导爆管抓成一把与联接装置相联接的网路称簇联网路。也可将整束导爆管与一个雷管捆扎在一起。根据理论,一个雷管爆炸时,其冲击波及爆炸产物的有效作用半径为 20mm。即一个雷管能爆 3～5 层导爆管。将导爆管均匀分布在雷管周围,叠成 3～5 层,约有 70～120 根导爆管。为了可靠引爆,规定一发雷管只引爆 20 根导爆管。

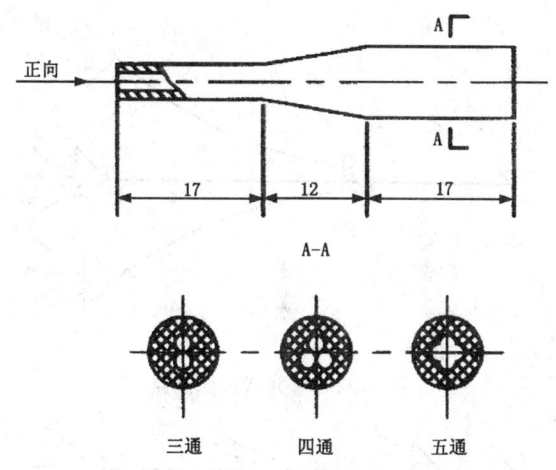

图 3-33 集束式连通管

这种网路联接适用于炮孔集中的小型爆破。如果炮孔间隔较大时,消耗的导爆管较多。

2. 簇并联

把两组或两组以上的簇联再并联到一个联接装置上的联接网路叫做簇并联网路,如图 3-34,其联接方法与簇联差不多。这种网路适用于炮孔集中的较大型爆破。

3. 簇串联起爆网路

把几组簇联网路串联起来,即成为簇串联网路,如图 3-35,其联接方法同前,只是将并联改为串联,也叫接力联接法。它适用于爆区长并能实现孔外多段微差起爆,如葛洲坝围堰拆除爆破就是采用这种联接方法,一次实现 300 多段的爆破。这种接力式起爆,接力联接装置的传爆可靠性要求很高,因为只要某接力传爆失误产生拒爆,以下的簇联网路都将产生拒爆,就可能造成整个爆破失败。因此,接力传爆装置通常需采用复式联接来保证传爆的可靠性。

4. 混合联接网路

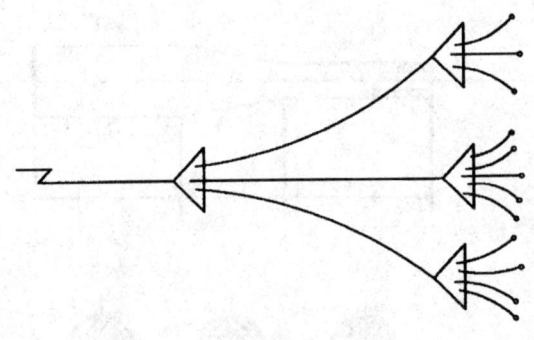

图 3-34 簇并联起爆网路

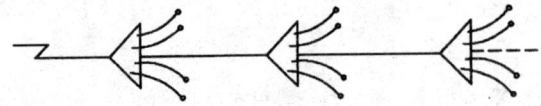

图 3-35 导爆管并串联起爆网路

这种网路是把以上网路分别并联式串联起来,见图 3-36。它适用于爆区又宽又长的大区爆破。为了确保传爆可靠,对于大爆区(如深孔露天爆破),为了克服先爆炮孔产生地震波破坏后爆网路,可采用导爆索作为传爆装置,见图 3-37。

导爆索作为传爆装置起爆导爆管有各种各样起爆形式,如导爆索串联或并联联接块起爆网路、导爆索双环结联接网路及导爆管直接捆扎在导爆索上的联接网路等。

工程爆破中最常用的是直接捆扎法。将 8~10 根导爆管为一束,均匀分布在导爆索圆周上,用胶布捆扎牢固,使导爆索的传爆方向与导爆管相同,两者之间沿传爆方向的夹角 Q 应大于 25°,小于 80°,导爆管捆扎在导爆索上的长度为 100mm 左右,两束导爆管间距在 0.5m 以上,最佳联接角度为 50°~80°。

这种方法,联接简单、方便。但要求两者联接紧密,导爆管分布均匀,捆扎牢固,传爆方向无误,两者沿传爆方向夹角合理,就可得到传爆可靠的结果。

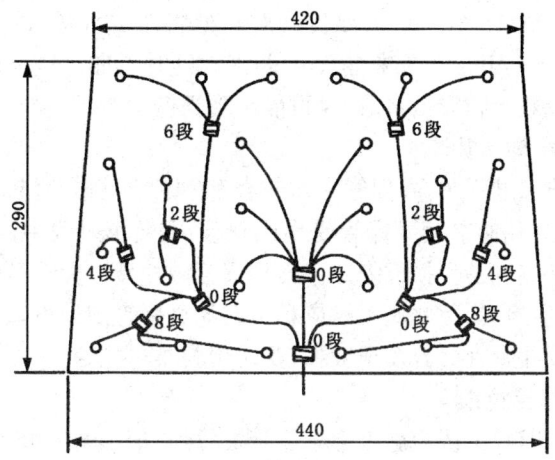

图 3-36 混合联接网路

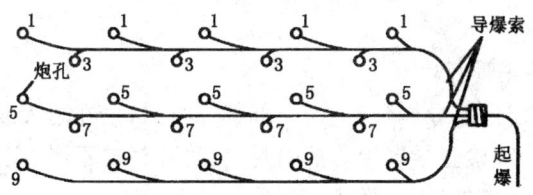

图 3-37 导爆索起爆导爆管

注:图中号代表雷管段数

(三)导爆管起爆网路施工时应注意事项

1. 打结

有些爆破工认为,导爆管打结并不影响传爆,他们也亲自作了试验,即使打1~2个结,照样能传爆。一根导爆管中有1~2个结,只要不是死结,是可传爆过去的,但每经一个结,爆速将有所下降,因此打结,轻者影响爆速,进而影响延期雷管的秒量,重者将出现拒爆。

2. 对折

导爆管180°对折,激波传到对折处将造成导爆管破洞,爆速要下降很多,其影响结果也是微差雷管延时不准,可能出现跳段,影响爆破效果和安全事故,也可能出现拒爆。

3. 管壁破损

在施工过程中,导爆管在炸开岩石的工地上拖动,新鲜断口的岩石十分锋利,易使导爆管受伤或划破;在装填过程中,导爆管受到碎石摩擦也易受损或划破。当导爆管破损裂口大于导爆管内径时,将产生拒爆。因此施工时应尽量避免导爆管到处拖动。装填时,小心划破导爆管。若发现破损,及时用胶布包扎好。

4. 管径拉细

不少爆破工认为施工中导爆管被拉细,不影响传爆。宏观看,确实拉细后仍能传爆,但微观看,拉细后,管径变小,一方面每米药量大为减少,另一方面管径小,爆速传递的阻力大,爆速降低,影响结果同上。

5. 导爆管开口

厂家出厂的导爆管雷管,端部都进行封口。在雨天或淋水工作面爆破时,需检查导爆管端部的封口,发现封口不严,应重新封密,否则水从开口处渗入,将造成拒爆。

(四) 导爆管起爆法的优缺点

1. 优点

(1) 从根本上减少了由于各种外来电的干扰造成早爆的爆破事故。

(2) 在露天爆破,采用孔内、孔外延期,可实现多段(多到几百个段)起爆,不受雷管段数限制,还可实现高精度、等间隔、不串段起爆,克服了电毫秒爆破段数少、延时精度差、易产生串联的缺点。

(3) 节省原材料,成本低。

(4) 生产设备简单、效率高、安全、污染少;生产易实现自动化;产品质量易保证,且质量稳定。

(5) 导爆管网路联接简单,不需复杂的电阻平衡和网路计算,节省爆破时间,提高工效。

(6) 传爆无噪音,无破坏作用。

(7) 起爆方法灵活,形式多样。

2．缺点

(1) 起爆网路的质量不能用仪表检查。

(2) 普通高压聚乙烯导爆管强度有限,在露天深孔使用时,易被拉细;在高温地区或高温季节强度更低;在高寒地区易硬化,起爆、传爆感度较差。

(3) 由于爆速较低,在露天大区爆破段数较多时,若没有用导爆索作传爆装置,后爆网路易受先爆炮孔地震波的破坏。在井下大区爆破,要考虑冲击波和地震波对网路的破坏。

(五) 导爆管起爆法产生拒爆原因和预防

1．拒爆原因

(1) 产品质量不好造成拒爆

1) 断药。生产过程中,下药不畅,造成断药长达 30～50cm 以上时;

2) 导爆管与传爆雷管或起爆雷管联接处卡口不严,水渗入雷管或导爆管内;

3) 导爆管端部封口不严或漏封口,水进入导爆管内。

以上三种原因,都将造成拒爆。因此对产品应严加管理和检查。

(2) 对该产品的有关性能不够了解而产生拒爆

1) 对一发雷管爆炸时有效作用半径不了解。一次起爆的导爆管太多,超过其有效作用半径;

2) 对导爆管传爆速度不了解,大区爆破时,始发段雷管选择不当等;

3) 用雷管起爆导爆管时,雷管集中穴的爆速远大于导爆管爆速,捆扎时,传爆方向的导爆管挡住集中穴,将被雷管集中穴的射流破坏而造成拒爆;

4）用导爆索作为传爆装置起爆导爆管时,两种不同爆速的导爆体联接时,存在着一个最小的临界角度,当两夹角小于此值时,爆速低的导爆体将产生拒爆。实验证明,导爆索与导爆管联接时其临界角为 20°,两者联接角小于此值时则导爆管产生拒爆。

（3）起爆网路联接不好引起拒爆

1）用雷管或导爆索起爆导爆管,由于捆扎不牢或接触不紧而引起拒爆；

2）用导爆索双环结起爆时,双环结回松；

3）导爆管在起爆体上分布不均匀,起爆体爆炸时,爆轰波及其产物向抵抗线小的一边作用,使导爆管多的一边产生拒爆。

2. 预防措施

预防导爆管起爆系统拒爆,应从拒爆的源头着手,如产品质量问题,使用单位应把质量不合格的产品排除在起爆之前,及时加强对购进产品的管理和验收。从外观检查到防水性能试验,若发现抗水性能差,该批产品只能用于无水工作面；对于操作问题和对产品性能不够了解的问题,主要是加强爆破工本身基本知识的学习,熟练基本操作。网路联接后,进行严格检查。

第四章 爆破原理及爆破方法

第一节 爆破作用原理

一、岩体爆破破坏机理

爆破是当前破碎岩石的主要手段。对于岩石等脆性介质爆破破坏机理,有许多假设,按其基本观点,归纳起来有爆轰气体膨胀压力作用破坏论、应力波及反射拉伸破坏论、冲击波和爆轰气体膨胀压力共同作用破坏论三种。

1. 爆轰气体膨胀压力作用破坏论

该理论认为炸药爆炸所引起脆性介质(岩石)的破坏,使其产生大量高温高压气体,它所产生的推力,作用在药包周围的岩壁上,引起岩石质点的径向位移,由于作用力的不等引起的径向位移,导致在岩石中形成剪切应力,当这种剪切应力超过岩石的极限抗剪强度时就会引起岩石破裂,当爆轰气体的膨胀推力足够大时,会引起自由面附近的岩石隆起,鼓开并沿径向推出。这种观点完全否认冲击波的动作用,这是不符合实际的。

2. 应力波反射拉伸破坏论

该理论认为药包爆炸时,强大的冲击波冲击和压缩周围岩石,在岩石中激发成强烈的压缩应力波,当传到自由面反射变成拉伸应力波,其强度超过岩石的极限抗拉强度时,从自由面开始向爆源方向产生拉伸片裂破坏作用。这种理论只从爆轰的动力学观点出发,而忽视了爆生气体膨胀做功的静作用,因而也具有片面性。

3. 冲击波和爆轰气体膨胀压力共同作用破坏论

该理论认为爆破时,岩石的破坏是冲击波和爆轰气体膨胀压力共同作用的结果。但在解释岩石破碎的原因是谁起主导作用时仍存在不同的观点,一种认为冲击波在破碎岩石时不起主要作用,它只是在形成初始径向裂隙时起了先锋作用,但在大量破碎岩石时则主要依靠爆轰气体膨胀压力的推力作用和尖劈作用。另一种观点则认为爆破时岩石破碎谁起主要作用要取决于岩石的性质,即取决于岩石的波阻抗。对于高波阻抗的岩石,即致密坚韧的整体性岩石,它对爆炸应力波的传播性能好,波速大。对于低波阻松软而具有塑性的岩石,爆炸应力波传播的性能较差,波速较低,爆破时岩石的破坏主要依靠爆轰气体的膨胀压力;对于中等波阻抗的中等坚硬岩石,应力波和爆轰气体膨胀压力同样起重要作用。

二、爆破作用圈形成机理

爆破作用只发生在介质内部的现象称为爆破的内部作用。根据介质的破坏特征,单个药包破坏的内部作用可在爆源周围形成压碎区、破裂区、震动区,如图4-1所示的三个区。

1. 压碎区

药包爆炸时,直接与药包接触的岩石,在极短的时间内,爆轰压力迅速上升到几万甚至几十万大气压,并在此瞬间急剧冲击药包周围的岩石,对于大多数脆性的坚硬岩石,则被压碎。对于可压缩性较大的岩石,则被压缩成压缩空洞,并在空洞表层形成坚实的压实层。因此,压碎区又叫压缩区。压碎区的半径很小,但由于介质遭到强烈粉碎,产生塑性变形或剪切破坏,消耗能量很大。因此,为了充分利用炸药能量,应尽量控制或减小压碎区的形成。

2. 破裂区(破坏区)

压碎区形成后,冲击波通过压碎区,继续向外层岩石传播,冲击波衰减为应力波,其强度已低于岩石的抗压强度,所以不再产生压碎破坏,但仍可使压缩区外层的岩石遭到强烈的径向压缩,使岩石的质点产生径向位移和径向扩张及切向拉伸应变。如果这种拉

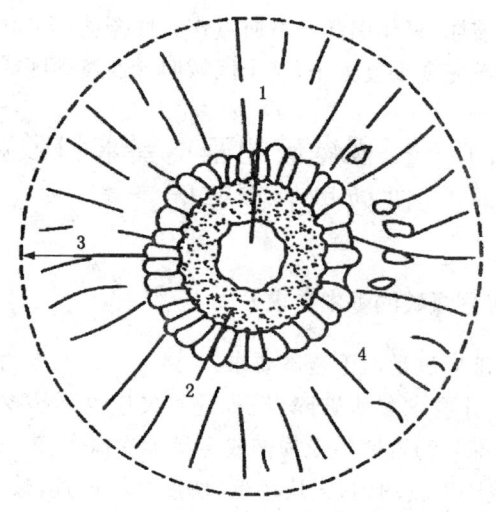

图 4-1 爆破内部作用示意图
1—原来的装药空腔；2—压碎区；3—破裂区；4—弹性震动区

伸应变超过了岩石的动抗拉强度，外围的岩石层就会产生径向裂隙。当切向拉应力小到低于岩石的动抗拉强度时，裂隙便停止向前发展。

另外，在冲击波扩大药室时，压力下降了的爆轰气体也同时作用在药室四周的岩石上，在药室四周的岩石中形成一个准静应力场。在应力波造成径向裂隙的期间或以后，爆轰气体开始膨胀并挤入这些裂隙中，导致径向裂隙向前延伸。只有当应力波和爆轰气体衰减到一定程度后才停止裂隙扩展。这样随着径向裂隙、环向裂隙和剪切裂隙的形成、扩展、贯通、纵横交错、内密外疏、内宽外细的裂隙网，将介质分割成大小不等的碎块，形成了破裂区，该区的半径比压碎区大。

3. 震动区（弹性震动区）

在破裂区以外的岩体中，炸药爆炸后产生的能量已消耗很多，应力波引起的应力状态和爆轰气体压力建立起的准静应力场均不足以使岩石破坏,只能引起岩石质点作弹性振动,直到弹性振动波的能量被岩石完全吸收为止,这个区域叫弹性震动区或地震区。

第二节 工程爆破的基本要求和影响爆破效果的主要因素

一、对工程爆破的基本要求

工程爆破应满足以下基本要求:

1. 按设计要求爆落破碎岩石,既不欠挖也不超挖,又要保护围岩或保留部分的岩体不受损伤或尽量少受损伤。
2. 爆破块度较均匀,大块率低,块度级配适宜,减少二次破碎工作量。
3. 爆堆较集中,提高铲装效率。
4. 提高炸药能量利用率,炸药单耗小,降低爆破成本。
5. 保证爆破作业与环境安全,把爆破地震、空气冲击波、个别飞石、有毒有害气体、噪声和粉尘等爆破有害效应,限制在允许范围以内。

总之,对于任何一项爆破工程来说,做到技术可行、安全可靠、经济合理是最基本的要求。

二、影响爆破效果的主要因素

要想达到理想的爆破效果和改善爆破质量,就必须正确分析影响爆破的各种因素,利用有利因素,避开不利因素。这些因素是:炸药性能和装药结构、爆破方法、爆破参数与爆破工艺、岩石的性质与构造、自由面个数等。

(一)炸药性能

影响爆破效果的炸药性能参数主要有:炸药爆速、爆炸气体生成量及装药密度等。有关内容见本书第二章。

(二) 装药结构

不同的装药结构可改变炸药的爆炸性能,从而引起爆炸作用的变化。

1. 药包几何形状,常用的药包有集中药包和延长药包两类

当药包的长度与它的横截面的直径(或方形截面的边长)之比值大于某一值时,就叫做延长药包(比值一般大于或等于15～20)。

延长药包爆破时,由于它的几何形状特征,其冲击能量主要集中在径向上。而在轴向上能量分布较少,只有在药包带有集能穴时,才会有轴向聚能流。轴向能量分布复杂而不均匀。因此延长药包爆破时,岩石破碎的均匀程度不好,易出现大块和破坏不足的现象。

集中药包又称球形药包。其直径与长度的尺寸相差不大,一般不超过 6 倍。集中药包爆炸时,其爆炸能量在各个方向上分布较均匀,可呈同心球状多向传播,这对于降低炸药单耗、改善爆破块度都是有利的。实验证明,球状药包特别适合于实施"漏斗爆破",便于获得较高的爆炸能量利用率和较均匀的破碎块度。

因此,应根据不同工程目的,采用不同几何形状的药包,以达到最佳爆破效果。

2. 空气间隔装药

空气间隔装药可以减弱爆破作用对孔壁的破坏,延长爆破作用时间,对达到某些特殊爆破目的十分有利,并可以改善爆破效果。空气间隔装药一般有轴向空气间隔装药和环向空气间隔装药两种,如图 4-2 所示。

(1) 轴向空气间隔装药 这种装药的特点是结构简单,可使炮孔轴线方向上炸药分布得比较均匀,爆破块度均匀,因而可使炸药单耗有所降低,这种装药结构多用于深孔崩矿爆破。

(2) 环向空气间隔装药 这种装药结构也叫不耦合装药,它能更均匀地降低炮孔壁所受到的爆破作用,有利于保护围岩不受

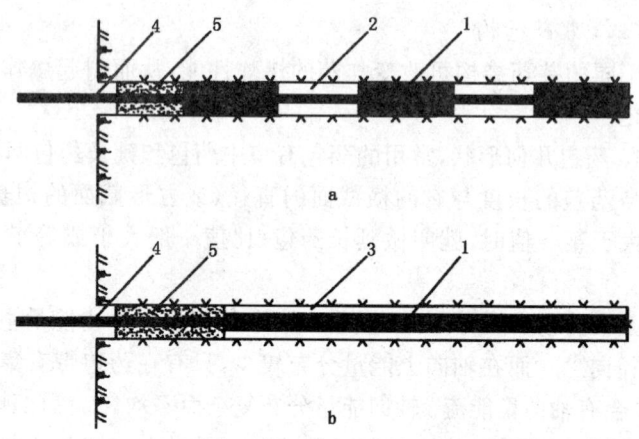

图 4-2 空气间隔装药示意图
a—轴向空气间隔装药；b—环向空气间隔装药
1—炸药；2—轴向空气间隔；3—环向空气间隔；4—导爆索；5—炮泥

破坏,因此,在光面爆破、预裂爆破等爆破中常用到它。

在一定岩石条件下,在加强抛掷大爆破中,采用空腔装药结构,对爆破效果也能有较好的改善。

3. 起爆药卷位置

起爆药卷的位置对爆破效果的影响往往易被人们忽视,有人认为,起爆药卷应放在炮孔的口部附近,也有人认为应放在装药的中部或底部,如图 4-3 所示。

传统的做法是把起爆药卷放在孔口部位第二个药卷的位置上,这样操作方便,节省起爆器材。

起爆药卷位置决定着炮孔中装药起爆后爆破作用的传递方向和炮孔中爆生气体的作用时间,所以,它对爆破作用及其效果是有影响的。

试验表明,当岩石性质相同时,底部反向起爆效果最好,而孔口正向起爆效果最差。

孔底反向起爆能增强炮孔中爆炸气体膨胀推力的作用,加强

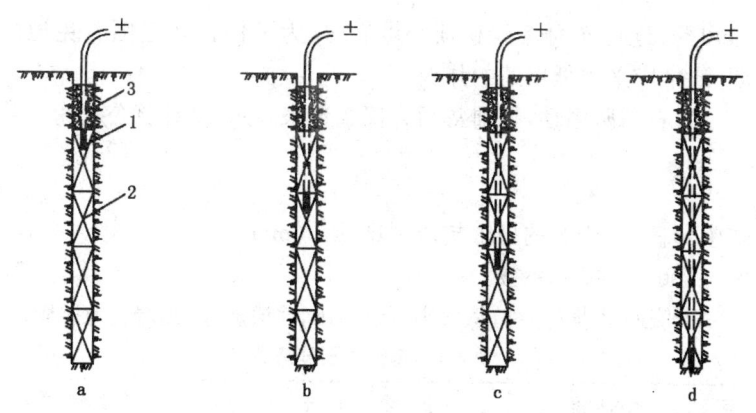

图 4-3 起爆药卷在炮孔中的位置
a—孔口正向起爆;b—传统做法;c—中部正向起爆;d—底部反向起爆
1—雷管;2—药卷;3—炮泥

孔底爆炸气体的作用力和作用时间。孔底反向起爆时,炸药一旦起爆,孔底立即受到爆炸气体的推力作用,孔口尚未爆炸的炸药则起到类似炮泥的作用,加强阻止爆生气体的过早扩散,从而保证了作用力和作用时间。采用孔口正向起爆时,先爆的孔口爆生气体扩散的阻力最小,容易过早地冲掉炮泥而逸散,从而降低了作用压力,减少了作用时间。

在软岩和裂隙发育的岩石中进行爆破时,孔底反向起爆可以避免相邻炮孔间的"带炮"及孔底剩留残药的现象。

孔底反向起爆效果本身也受到许多因素的影响。一般,所用炸药的爆速愈低,炮孔堵塞质量愈差时,孔底反向起爆改善爆破效果愈明显。

孔底反向起爆消耗的起爆材料较多,施工操作比较麻烦。

(三)岩石性质及地质构造

不同的岩石,其硬度是不同的,因此,爆破时应选用不同的炸药,以便获得较好的爆破效果。一般来讲,爆破中硬和坚硬岩石时,应选用爆速较高的炸药;而爆破较松软的岩石时,应选用爆速较低的炸药;进行光面爆破和预裂爆破时,为了保护孔壁围岩免遭破坏,通常应采用低爆速的炸药。

岩石的坚固性,目前常用普氏系数来表示,其计算公式为:

$$f = \frac{\sigma_{\mathbb{E}}}{100}$$

式中:$\sigma_{\mathbb{E}}$——岩石的极限抗压强度,kg/cm^2;

100——换算系数。

f 值还可查表 4-1,从表中可以看出,f 值愈大,则岩石愈坚固。

表 4-1 普氏岩石分级表

等级	坚固程度	岩 石 名 称	坚固系数 f
Ⅰ	最坚固的岩石	最坚固、致密、强韧的石英岩及玄武岩,非常坚固的其他岩石	20
Ⅱ	很坚固的岩石	很坚固的花岗岩类石英斑岩;很坚固的花岗岩、硅质页岩;最坚固的砂岩、石灰岩	15
Ⅲ	坚固岩石	致密的花岗岩和花岗岩类;很坚固的砂岩和石灰岩、石英质矿脉;坚固的砾岩、很坚固的铁矿	10
Ⅲa	坚固岩石	坚固的石灰岩、不坚实的花岗岩、坚固的砂岩、大理石、白云岩和黄铁矿	8
Ⅳ	尚坚固岩石	普通砂岩、铁矿	6
Ⅳa	尚坚固岩石	砂质页岩、页岩质砂岩	5
Ⅴ	中等坚固的岩石	坚固的粘土质岩石、不坚固的砂岩和石灰岩	4
Ⅴa	中等坚固的岩石	各种不坚固的页岩、致密的泥灰岩	3
Ⅵ	较软的岩石	软质页岩、极软石灰岩、白垩岩、岩盐石膏、冻土、无烟煤、普通泥灰岩、破碎砂岩、胶结砾岩、石质土壤	2
Ⅵa	软弱岩石	碎石土壤、破碎页岩、胶结成块的砾岩和碎石、坚固的煤、硬化的粘土	1.5
Ⅶ	软弱岩石	致密粘土、软弱烟煤、坚硬的冲积层、粘质土壤	1.0

续表

等级	坚固程度	岩 石 名 称	坚固系数 f
Ⅶa	软弱岩石	轻质土壤、黄土、砾石	0.8
Ⅷ	土质岩石	腐殖土、泥煤、轻砂质土壤、湿砂	0.6
Ⅸ	松散性岩石	砂、山麓堆积、细砾石、松土	0.5
Ⅹ	流砂性岩石	流砂、沼泽土、含水黄土及其他含水土壤	0.3

从地质条件方面讲,构造上不均质的岩石常会使爆破作用减弱,明显的裂隙能够阻止爆破能量的传播而使破坏区范围受到局限。通过药包的裂隙能使爆生气体产物的压力下降而影响爆破效果。其他地质结构面对爆破也有不同程度的影响,大致表现在:改变抵抗线的方向,造成超挖或欠挖;引起冲炮,造成爆破事故;降低爆破威力,影响爆破效果;影响爆破岩石的块度,造成爆破不均,有的地方炸得很碎,有的地方出现大块没有松动;影响爆破施工,造成施工安全事故,如流沙、溶洞水的威胁,开挖坑硐的崩塌、陷落等现象;影响爆破后边坡的稳定等。不过节理、裂隙的存在,也有有利的一面,岩石在爆破作用下,很容易沿着这些弱面破裂。

(四)爆破参数和爆破工艺

1. 爆破参数

爆破参数主要指炸药单耗、装药量、炮孔或药包的间距以及最小抵抗线等。爆破参数确定得是否合理,将直接影响爆破效果,关于这方面的详细内容将在本书后几章中阐述。需要指出的是,当炸药单耗和装药量确定后,药包间距与最小抵抗线间的相对比值就有着非常重要的作用;比值过小,爆破时岩体容易沿炮孔连线方向产生破裂,而最小抵抗线方向的岩石却得不到充分破碎,从而产生大块,甚至造成超挖;比值过大时,则可能使炮孔之间的岩石爆不下来,出现岩埂。因此,爆破参数一定要根据工程爆破的要求和环境条件,慎重确定。

2. 爆破工艺

爆破参数确定后,爆破施工工艺也是影响爆破效果的一个关键环节。如炮孔装药堵塞等。

(1) 装药。装药前应做以下准备工作:

1) 装药前应对硐室、药壶和深孔进行验收,根据爆破设计要求检查硐室位置和断面大小、炮孔布置及深度,并做好记录,有与设计不符的内容要通知有关人员进行处理,直至符合设计要求,以保证装药能顺利进行。

2) 周围环境的调查和处理。对爆破危险区内的设备、设施应通知及时拆除,对可能影响作业安全的工作环境要消除其影响。如有产生射频电等杂电影响时,电雷管的使用要受到影响,应采用非电起爆方法。

3) 坑道及药室的安全检查。清除工作面附近的松石,采用电力起爆法时,测量爆破网路所经各处的杂散电流,在大量爆破时,为便于爆破器材的运搬应疏通巷道及外部运输道路。

4) 炸药和起爆材料的运输是十分繁重的工作,必须事先按硐室、药室或炮孔计算好炸药数(袋数),在特制的牌子上标出雷管段别,炮孔(或药室)的深度(长度),不同种类炸药的分配数等,以便于事先核对清楚。

5) 制作标号牌,标号牌上应有该孔的深度、水深、各类炸药的分配数、雷管段别、起爆分段编号及药量等,这是装药前的重要准备工作。

装药是爆破作业的关键工作。由于各种爆破环境不尽相同,装药要求也不同,从安全角度讲,装药作业是比较危险的作业,因此在装药时,应做到以下几点:

① 装药结构必须按设计要求进行,装药时必须将起爆药包放在规定的位置,以保证爆破质量。

② 装起爆药包、起爆药柱及硝化甘油炸药时,严禁投掷或冲击,以防冲击、摩擦感度高的炸药早爆。

③ 深孔装药堵孔后,当雷管和起爆药包未装前,可以用铜制

或木竹制长杆处理,雷管或起爆药包装入后不得捅孔。

④ 装药使用的工具应是木质炮棍装药。

⑤ 注意防止有杂物随炸药装入炮孔或硐室,在装入起爆药柱后严禁孔内有石头掉下,以免冲击雷管或起爆体,造成早爆。

(2) 填塞。炮孔装药后,炮孔口部的一段空孔要用炮泥或其他材料充填密实,这个工作叫做填塞。良好的填塞可以阻碍爆炸气体过早扩散,使炮孔在相对较长的时间内保持高压状态,这有利于提高爆破效果。同时,良好的填塞可使炮孔中的炸药有了完全反应的条件,既可提高炸药爆速,又可减少有毒气体的生成量。当采用药室爆破时,特别是加强抛掷爆破,由于岩石的抛掷主要靠爆炸气体的膨胀推力作用,填塞质量就显得更加重要,在具有瓦斯和矿尘危险的区域中爆破时,为防止放热的爆炸产物引爆瓦斯矿尘,炮孔一定要严格填塞,填塞长度不得小于炮孔深度的一半。对于露天爆破来说,填塞还可以减少飞石的危险。

第三节 炮孔爆破

炮眼爆破法也叫浅孔爆破法,即指炮孔孔径 $\Phi \leqslant 50\text{mm}$,孔深 $L \leqslant 5\text{m}$ 的爆破法。到目前为止,此法仍应用普遍。

这种爆破法的优点是:机械设备简单,移动使用灵活方便,操作比较简单易学易掌握,在没有机械设备的条件下,可用手工凿岩爆破。其缺点是:机械化程度不高,工人劳动强度大,劳动生产率低,爆破作业频繁,大大地增加爆破安全管理工作量。

一、井巷掘进中的炮眼爆破

炮眼爆破法是目前井巷掘进中的主要施工方法,特别是在中等以上硬度的岩层中,是唯一经济有效的施工方法。

钻眼爆破是井巷掘进中的主要工序,其他工序都要围绕它进行安排。

(一)炮眼排列

井巷掘进中的炮眼排列按其作用不同分为掏槽眼、辅助眼、崩落眼和周边眼,如图 4-4。掏槽眼用于爆破创造出新的自由面,为整个巷道的爆破提供有利条件;辅助眼用来进一步扩大掏槽眼形成的自由面;崩落眼是破碎岩石的主要炮眼;周边眼又称轮廓眼,主要用途是使爆破后的巷道断面、形状和方向符合设计要求。巷道中的周边眼按其所在位置又分为顶眼、帮眼和底眼。

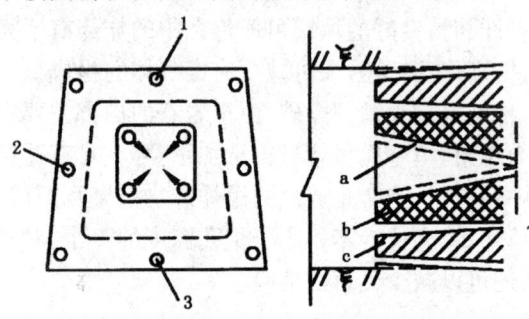

图 4-4 各类炮眼位置及其作用范围示意图
a—掏槽;b—扩槽;c—形成巷道规格断面
1—顶眼;2—帮眼;3—底眼

掏槽眼应比其他炮眼超深 150～200mm,装药量增加 15%～20%。

根据巷道断面、岩石性质和地质构造等条件,掏槽眼中分为倾斜掏槽、垂直掏槽和混合掏槽三大类。

1. 倾斜掏槽

倾斜掏槽是各炮眼与巷道中线和工作面水平方向成一角度。

(1)单向掏槽(单斜掏槽) 掏槽排列成一行并朝一个方向倾斜。主要用于中硬以下和较软岩层,特别是当工作面有不同岩层的条件,炮眼布置在软弱岩层,可布 1～2 排炮孔,如图 4-5。

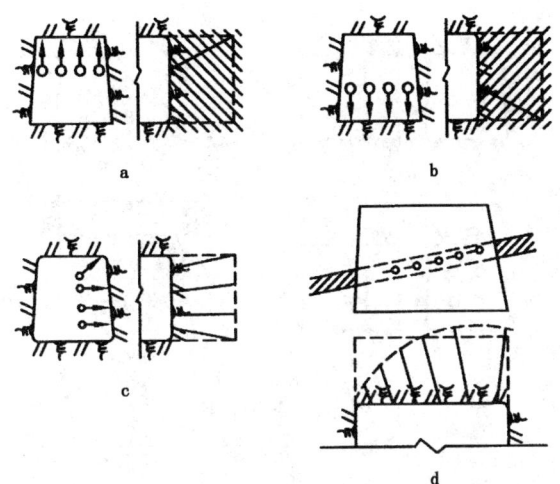

图 4-5 单向掏槽
a—顶部掏槽；b—底部掏槽；c—侧向掏槽；d—扇形掏槽

(2) 锥形掏槽 各掏槽眼以相等或近似相等的角度向工作面中心轴线倾斜,眼底趋于集中但不能贯通,爆破后形成锥形槽,见图 4-6。眼数、眼深和眼距根据断面大小及岩石软硬而定,眼数一般为 3～6 个,多为 4 个,眼口左右间距一般为 0.8～1.2m；上下间距为 0.6～1.0m,与工作面夹角为 55°～70°,眼底间距为 0.1～0.2m,眼深应小于巷道高或宽的 1/2,各槽眼同时起爆。为了加深掏槽深度和循环进度,可采用分段锥形掏槽。

(3) 楔形掏槽 楔形掏槽和锥形掏槽一样,根据眼底集中装药,爆破成抛掷漏斗的原理,集中装药在眼底成一条直线。它通常由两排对称的相向倾斜炮孔组成,爆破后形成楔形槽。楔形掏槽可分为垂直楔形和水平楔形两种(图 4-7)。

垂直楔形掏槽,两对水平方向槽眼眼口间距为 1.0～1.4m,眼底间距为 0.2～0.3m。但对于坚硬岩石,眼底距离不得大于 0.2m,装药深度系数一般为 0.7,断面大于 4m²,炮眼以 2～3 对用得最多,每对眼间距约 0.25～0.6m,眼数为 4～6 个,槽眼角度一般为

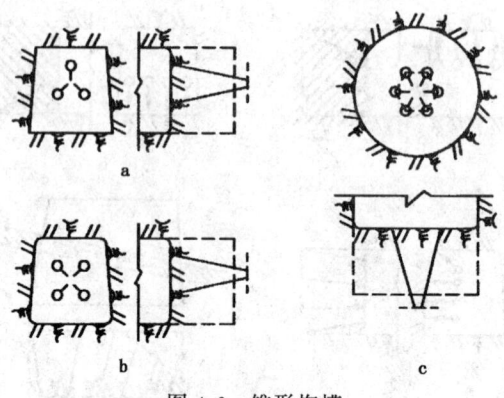

图 4-6 锥形掏槽
a—三角锥形;b—正角锥形;c—圆锥形

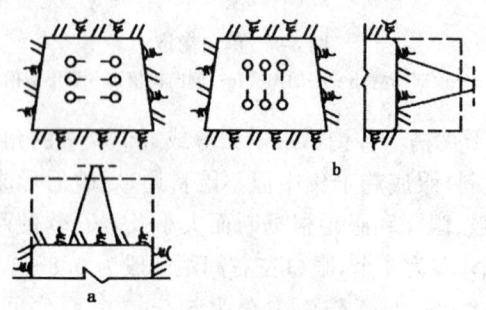

图 4-7 楔形掏槽
a—垂直楔形掏槽;b—水平楔形掏槽

$60°\sim70°$,眼深一般为巷道宽度的 1/4。

倾斜眼掏槽的优点是:掏槽眼数量较少,掏槽体积大,将岩石抛出,有利于其他炮眼的爆破。缺点是:掏槽眼深度受巷道断面的限制,因而影响到每个掘进循环的进尺;岩石抛出距离较远,影响装岩效率。

2. 垂直掏槽

所有掏槽眼相互平行,且均垂直于工作面。掏槽眼分空眼和装药眼,空眼为装药眼提供自由面和补偿空间。这种掏槽法,布置方式简单,槽眼深度不受巷道断面限制,便于进行深眼爆破。垂直眼掏槽又分缝形、桶形和螺旋掏槽。

(1) **缝形掏槽(直线掏槽)** 也叫龟裂掏槽,如图 4-8a,掏槽眼直线布置,各炮眼相距 $0.1 \sim 0.2$ m,空眼与装药眼相间布置,适用于中硬以上岩石。

(2) **桶形掏槽** 桶形掏槽的体积较大,有利于辅助眼的爆破。利用毫秒雷管分工段起爆,距离小的一对先起爆,距离大的一对后起爆。装药深度系数为 $0.7 \sim 0.8$。空眼直径可与装药眼相同或采用直径为 $75 \sim 100$ mm 大直径,以便增大人工自由面,如图 4-8b。

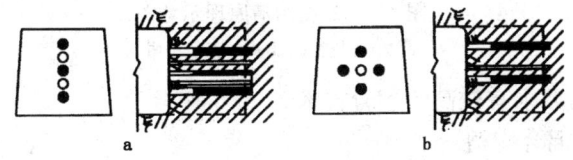

图 4-8 龟裂掏槽和桶形掏槽
a—龟裂掏槽;b—桶形掏槽

(3) **螺旋掏槽** 螺旋掏槽的特点是装药眼到空眼距离依次递增,由近及远依次起爆,所以能充分利用自由面的作用扩大掏槽效果(如图 4-9),如炮眼直径为 d,则眼距(与中心孔的距离)分别为 $L_1=(1 \sim 1.8)d$,$L_2=(2 \sim 3.5)d$,$L_3=(3 \sim 4.5)d$,$L_4=(4 \sim 5.5)d$,遇坚硬难爆的岩石可增加 $1 \sim 2$ 个空眼。空眼可比装药眼长 $20 \sim 30$ cm,并在眼底装少量炸药($200 \sim 500$ g),紧接掏槽眼后起爆,以利抛碴。

垂直掏槽与倾斜掏槽相比,其优点是:眼深不受巷道断面限制,可进行较深炮眼的爆破加大一个循环的进尺;掏槽体积里外较一致,相邻炮孔的最小抵抗线处处相同,爆落的岩块均匀;爆破时岩块不会抛掷过远,爆堆集中在工作面附近,有利于装岩。缺点是:掏槽眼数较多,掏槽体积小,装药眼和空眼的间距不能太大且需相

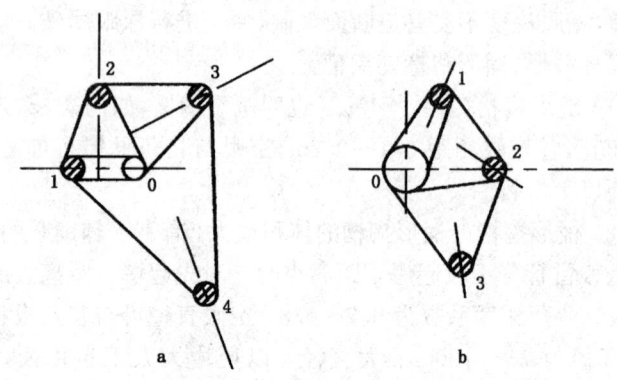

图 4-9 螺旋掏槽原理示意图
a—小直径空眼；b—大直径空眼

互平行，要求有较高的凿岩技术。

3. 混合掏槽

是指两种以上的掏槽方法混合使用。在断面较大、岩石较硬的巷道中，为了弥补直眼掏槽的不足，采用垂直眼和倾斜眼混合掏槽，如图 4-10。倾斜眼布置在垂直眼外侧，斜眼与工作面夹角为 75°～85°，眼底与垂直眼相距约 0.2m，斜眼装药系数为 0.4～0.5，垂直眼装药系数为 0.7 左右。

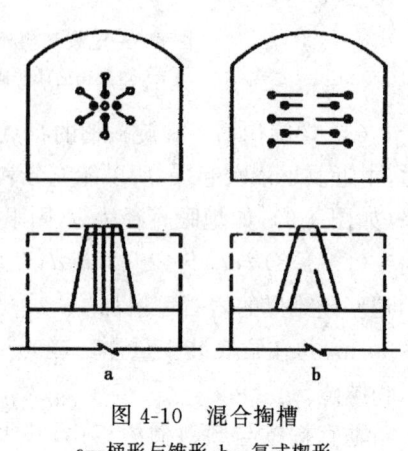

图 4-10 混合掏槽
a—桶形与锥形；b—复式楔形

(二)爆破参数

爆破参数包括孔径 Φ、孔深 L、孔距 a、炸药单耗 g、炮孔数目 N 等。

1. 孔径 Φ

它的大小直接影响到炮孔数量、凿岩速度、孔深及炸药单耗、孔装药量以及岩石破碎块度等。

随着孔径的增大,炮孔数量就减少,孔深可加大,孔装药量加大,爆破块度加大,单耗也有所增加,凿岩速度下降。巷道掘进中,一般取孔径 $\Phi=36\sim43\mathrm{mm}$,对于巷道断面 $S\leqslant4\mathrm{m}^2$ 时,可采用 $\Phi=25\sim30\mathrm{mm}$ 的小直径炮孔,采用压气装药或高威力炸药,可获得良好的爆破效果。

2. 炮孔深度 L

孔深指炮孔底部到工作面的垂直距离,而炮孔长度即是沿炮孔方向的实际长度。

炮孔的深度,不仅影响到每个掘进循环的工作量和完成工序的时间,而且影响爆破效果和掘进速度。它是决定掘进循环的主要因素。孔深增大,直接影响到循环进尺、爆破同等体积的循环次数减少,因而减少了装药、警戒、放炮及爆破后的通风时间,从而提高了工作效率。但当巷道断面小,岩石坚硬,夹制作用大,炸药威力受限制等因素的影响,限制了炮孔深度。对于巷道掘进,常用的孔深为 $L=1.5\sim2.5\mathrm{m}$。在竖井掘进中,孔深与井筒直径 D 有如下关系:

$$L=(0.3\sim0.5)D \quad (\mathrm{m})$$

3. 炸药单耗 g

炸药单耗取决于断面积 S 的大小、岩石性质、孔径 Φ 的大小、孔深 L 等因素。对于断面小,岩石坚硬时,单耗大,最大的可达 $10\mathrm{kg/m}^3$。当 g 值取偏小时,爆破后断面达不到设计要求的规格,岩石破碎不均匀,掘进尺寸较小,炮孔利用率低,工作效率低。g 取偏高时,不仅浪费炸药,而且会崩坏围岩,破坏围岩的稳定性,岩碴抛散远,爆堆不集中,影响清碴效率,甚至会破坏支护和设备。因此对 g 值大小应认真把握,经几次试炮后,选取合理单耗。掘进炸药单耗,可参考表 4-2。

表 4-2 掘进爆破炸药单耗(kg/m^3)

掘进断面积(m^2)	岩石坚固性系数 f				
	2～3	4～6	8～10	12～14	15～20
<4	1.23	1.77	2.48	2.96	3.36
4～6	1.05	1.50	2.15	2.46	2.93
6～8	0.89	1.28	1.89	2.33	2.59
8～10	0.78	1.12	1.69	2.04	2.32
10～12	0.72	1.01	1.51	1.90	2.10
12～15	0.66	0.92	1.36	1.78	1.97
15～20	0.64	0.90	1.31	1.67	1.85
>20	0.60	0.86	1.26	1.62	1.80

有了 g 值,便可计算一个掘进循环所需的炸药量 Q。

$$Q = g \cdot S \cdot L \cdot \eta \text{ (kg)}$$

式中:S——掘进断面积,m^2;

L——平均炮孔深度,m;

η——炮孔利用率,一般为 0.8～0.95。

4.炮孔数量 N

炮孔数量取决于掘进断面积、岩石性质、炸药性能以及炮孔直径。炮孔数 N 可用下式计算:

$$N = gS/r \cdot \eta$$

式中:g——炸药单耗,kg/m^3;

S——掘进断面积,m^2;

r——每米长度炸药量,kg/m;

η——炮孔装药系数(装药长度/炮孔长度)。

当 N 偏小时,将造成大块增加、巷道周壁不平整,甚至会出现炸不开的情况。相反,当 N 偏大,孔数过多,将使凿岩工作量增加。因此应据实际情况,选取合理孔数。

(三)巷道掘进中爆破作业的安全要求

1.用爆破法贯通巷道,应有准确的测量图,每班都要在图上填明进度。两工作面相距15m时,地质测量人员应事先下达通知,此后只准从一个工作面向前掘进,并应在双方通向工作面的安全地点派出警戒。双方工作面的人员全部撤至安全地点后,才准起爆。

2. 间距小于20m的两条平行巷道中的一条巷道工作面需放炮时,相邻工作面的人员必须撤至安全地点。

3. 独头巷道掘进工作面爆破时,必须保持工作面与新鲜风流巷道的畅通。爆破后,人员进入工作面之前,必须用水喷洒爆堆,并进行充分通风。

4. 在有煤尘或瓦斯的环境中掘进巷道,装药起爆前和爆破后,必须检查距爆破地点20m以内风流中沼气浓度,当沼气浓度达到或超过1%时,禁止装药爆破。在此环境中爆破,必须使用煤矿安全炸药,并禁止用火雷管起爆。使用毫秒电雷管时,总延期时间不得超过130ms,且不能跳段使用。禁止使用秒或半秒延期雷管。

5. 煤矿井下爆破必须用防爆式起爆器,除竖井爆破外,一律不准用动力电源作起爆电源。

6. 煤矿井下爆破,炮眼装药量和填塞质量必须符合下列规定:炮眼深度不得小于0.65m;在岩层内爆破,当炮眼深度在0.9m以下时,装药长度不得超过炮眼深度的1/2,炮眼深度大于0.9m时,装药长度不得超过炮眼深度的2/3,剩余部分都应用填塞物填满;在煤层里爆破,填塞长度至少应为炮眼深度的1/2。

在钾矿、石油和石蜡矿中爆破,也与煤矿一样,存在着有爆炸危险的气体,要预防爆破作业引起的瓦斯、氢气、油蒸汽爆炸。

二、地下矿小台阶炮孔爆破

它与井巷掘进相比有以下特点:有两个以上自由面;爆破面积和爆破量较大。对爆破的要求是:爆破作业安全;每米炮眼的崩矿量大;大块少,二次破碎量小,材料消耗少。

(一)炮眼排列

炮眼方向有两种:即向上眼和水平眼,见图4-11,炮眼排列有平行排列,其布眼方式是方形或矩形布置;另一种为交错排列,布眼方式为梅花形。后一种排列,在实际中应用较广泛,其爆炸能量在岩石中分布较均匀,爆后块度也较均匀。

(二) 爆破参数

孔径 Φ:一般取 $\Phi = 38 \sim 42$mm;孔深 L,它与矿体和围岩性质及矿体厚度有关,地下落矿常取 $L = 1.5 \sim 2.5$m,也有的达 $L = 3 \sim 4$m。

最小抵抗线 w 和孔距 a:当 w 与 a 取大值时,会使大块率增加,取

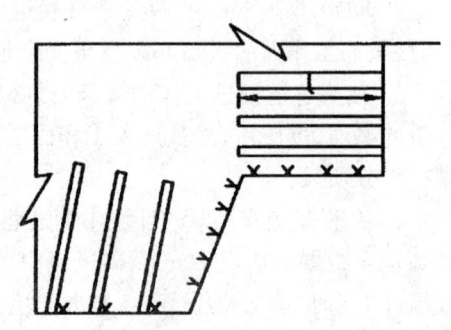

图 4-11 炮眼方向

小值时,又会出现过粉碎,不仅增加打眼工作量,而且给易氧化、粘结、自燃的矿石及装运工作带来困难。一般为:

$$w = (25 \sim 30)\Phi \qquad a = (1.0 \sim 1.5)w$$

炸药单耗 g:炸药单耗与岩石性质、炸药性能、炮孔直径、采幅宽度等因素有关,一般说,采幅愈窄,眼深愈大,则炸药单耗大。井下崩矿爆破炸药单耗可参考如下数据:

岩石坚固系数 f	<8	8~10	10~15
炸药单耗(kg/m³)	0.26~1.0	1.0~1.6	1.6~2.6

一次爆破总药量 Q 按体积公式计算:

$$Q = g \cdot ABL \quad \text{(kg)}$$

式中:L——平均炮眼深度,m;

g——炸药单耗,kg/m³;

A——采幅宽度,m;

B——一次崩矿总长度,m。

(三) 浅孔崩矿的安全要求

为了保证爆破作业的安全进行,必须按爆破安全规程有关事

项操作：

1. 装药前应全面检查顶板和暴露的矿体，如有浮石需及时处理。

2. 爆破工作面附近的各人行通道，爆破时应设立标志和警戒，如爆破药量大，应按空气冲击波安全距离警戒。

3. 严格执行爆破说明书的凿岩、装药、填塞、起爆顺序等规定，爆破网路要预先检查。对电起爆法在起爆网路通过的地点，应测量杂散电流。如杂散电流大于爆破安全规定时，必须采取措施。

4. 在有严重冲击地压的煤层中爆破时，人员必须撤离到100m以外，爆破后进入工作面的时间不得小于30min，以免冒顶片帮造成事故。

5. 在高温或具有自燃性的矿床爆破时，必须采取措施防止早爆。对于电雷管当温度高达80℃以上时，桥丝可能脱落。

三、露天小台阶炮孔爆破

对于爆破厚度在5m以内的地基平整爆破，公路、铁路、水利建设等露天爆破，浅孔小台阶爆破常广泛应用。

（一）炮孔排列

一般有单排和多排两类，其布眼形式，对于多排爆破，炮眼可布成平行眼和交错眼，与地下小台阶爆破的布眼形式相似。其炮眼参数见图4-12和小台阶炮眼见图4-13。

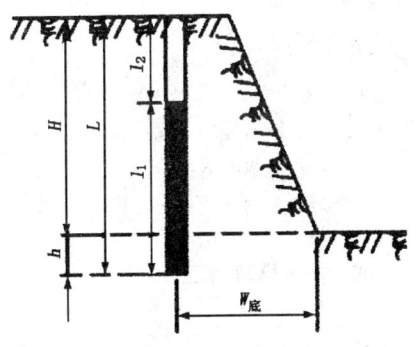

图4-12 露天小台阶炮眼爆破

H—台阶高度；L—眼深；h—超深；l_1—装药长度；l_2—堵塞长度；$W_{底}$—底盘抵抗线

(二)爆破参数

1. 孔径 Φ 和孔深 L

一般为 $\Phi \leqslant 50\text{mm}, L \leqslant 5\text{m}$。

2. 底盘抵抗线 $W_底$

$W_底 = (0.4 \sim 1.0)H$

式中：H——台阶高度，m。

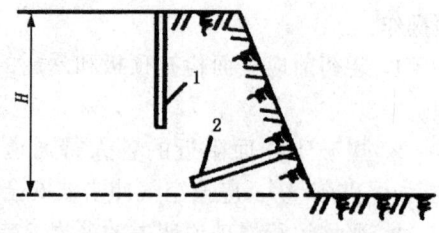

图 4-13 小台阶炮眼图
1—垂直炮眼；2—倾斜炮眼

当硬岩时，H 较大，取小值，否则反之。

3. 孔超深 h

$$h = (0.1 \sim 0.15)H$$

4. 孔距 a

$$a = (1.0 \sim 2.0)W_底$$
$$a = ((0.5 \sim 1.0)L$$

5. 单耗 g

与岩石性质、炸药特性有关，对于 2 号岩石炸药，$g = 0.2 \sim 0.6 \text{kg/m}^3$

孔装药量 $Q_孔$

$Q_孔 = g \cdot L \cdot a \cdot w$，对于多排，$Q_孔 = g \cdot L \cdot a \cdot b$

式中：w——最小抵抗线，m；

b——排距，m；

其余符号同上。

四、炮眼爆破施工

1. 装药前的准备工作

检查炮孔，包括孔位、孔深等都要进行观察、验收；孔内有无塌孔、积水、堵塞等，若有问题都应进行处理。

2. 装药与堵塞

按预先设计雷管的段数、孔装药量、装药结构、起爆药包位置、堵塞长度等进行装药堵塞。装药过程中应认真细致,保证装药和堵塞质量,保护电雷管脚线或导爆管等不受破坏。

3. 联线、警戒、起爆

按设计进行联线,确保联线质量。在爆区四周的主要道口设置警戒。起爆前所有人员撤至安全线外,在爆破安全半径外设置视觉信号——红旗,警戒时,设置听觉信号——警报或锣声或口哨声等。起爆时应设置预备信号、起爆信号和解除信号。起爆信号应由爆破负责人发布,必须在所有人员撤至安全半径外方可发布起爆信号;起爆后,经一定时间,确认爆区无危险情况时,由爆破负责人发出解除信号。发布解除信号后,人员方可进入爆区。

第四节 深孔爆破

深孔爆破在石方爆破工程中占有重要地位,它广泛应用于露天矿剥离、采矿、山地工程的场地平整、港口建设、公路、铁路的路堑、水电闸坝基坑和地下开采工程中,这种爆破方法效率高、速度快。

一、露天深孔爆破法

孔径 $\Phi>50mm$、孔深 $L>5m$ 的炮孔称为深孔。

为了达到良好的深孔爆破效果,必须合理地确定布孔方式、孔网参数、装药结构、装药长度、起爆方法、起爆顺序和单位炸药消耗量等参数。

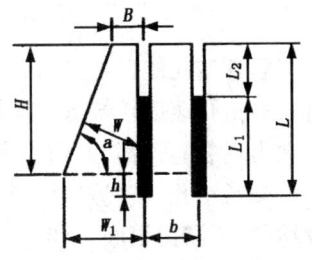

图 4-14 台阶要素示意图
H—台阶高度,m;W_1—前排钻孔的底盘抵抗线,m;h—超深,m;a—台阶坡面角;b—排距,m;L_1—装药长度,m;L_2—堵塞长度,m;L—钻孔深度,m;W—最小抵抗线,m;B—台阶上前排孔口至坡顶线的距离,m

(一)台阶要素、钻孔形式与布孔方式

台阶要素见图 4-14。

(二)钻孔形式

钻孔形式有垂直和倾斜钻孔两种,见图4-15。个别情况下有水平炮孔。

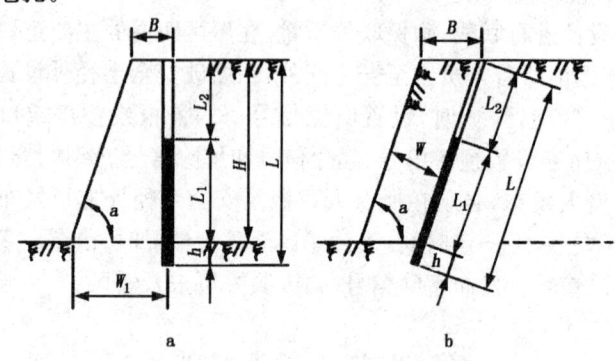

图 4-15 钻孔形式
a—垂直孔深;b—倾斜孔深

垂直钻孔的优点是:(1)适用于各种地质条件;(2)操作技术容易;(3)钻孔速度较快等。其缺点是:(1)大块率较高;(2)台阶顶部经常出现裂缝,台阶面的稳定性较差。

倾斜钻孔,其优点是:(1)抵抗线上下分布较均匀,爆破后块度较均匀,不易留根底。(2)台阶较稳定,台阶坡面易保持,对下一台阶破坏小;(3)爆破软岩时,能取得很高的效率;(4)爆破后岩堆形状较好。其缺点是:(1)钻孔技术操作较复杂,易发生夹钎;(2)钻孔速度较慢;(3)孔的长度比垂直孔长;(4)装药时易发生堵孔。

(三)布孔方式

布孔方式有单排和多排两种,基本与小台阶爆破的布孔方式相同,只是直径不同和各爆破参数较大。

(四)露天深孔爆破参数

1. 孔径 Φ

它主要取决于钻机类型、台阶高度和岩石性质。孔径有100~500mm。

国内采用的深孔直径有 80mm、100mm、150mm、170mm、200mm、250mm、300mm 等。

孔深 L 据台阶高度 H 而定。

2. 台阶高度 H 和超深 h

台阶高度多采用 10~12m,也有采用 $H=15$~20m 和 $H=12$~18m 的。

超深 h 是指钻孔超过底盘标高的那一段孔深,其作用是用来克服台阶底盘岩石的夹制作用,h 太大,浪费钻孔和炸药,太小,不足克服下部夹制力,易留根底。因此 h 应有一理想长度,一般取 $h=(0.15$~$0.35)W_1$。W_1 是底盘抵抗线,单位为 m。当岩石软时,取小值,岩石坚硬取大值。也可按 h 为孔径的 8~12 倍,即 $h=(8-12)\Phi$。

3. 底盘抵抗线 W_1

W_1 的大小与岩石性质、炸药特性、坡度角大小、台阶高度、钻孔直径及块度要求等因素有关。

(1) 根据钻孔安全条件,$W_1=Hctg\alpha+B$;
(2) 按台阶高度:$W_1=(0.6-0.9)H$;
(3) 按炮孔直径倍数确定 W_1:
$$W_1=(20-50)\Phi$$

此外控制台阶坡度角 α 是调整 W_1 的有效途径。

4. 孔距 a 与排距 b

$a=mw_1$ m——炮孔密集系数

m 通常大于 1,在宽孔距爆破时,$m=3$~4 或更大。

排距是指多排孔爆破时,相邻两排钻孔间的距离。采用梅花形(三角形)布孔时,排距

$$b=\sin\alpha \cdot a = a \cdot \sin 60 = 0.866a$$

5. 堵塞长度 L_2

一般取 $L_2 \geqslant 0.75w$,或 $L_2 \geqslant (20-40)\Phi$,最好不小于孔径 Φ 的 20 倍。

6. 炸药单耗 g

影响单耗的因素很多,主要有岩石的爆破性、炸药种类、自由面的个数,起爆方式和块度要求等,一般松动爆破时,$g=0.1\sim 0.5 kg/m^3$ 之间。

7. 每孔装药量 $Q_孔$

第一排 $Q_孔=g \cdot a \cdot w_1 \cdot H$

第二排及以后名排 $Q_孔=k \cdot g \cdot a \cdot b \cdot H$

式中:k——考虑前排孔的岩石阻力的增加系数,一般取 $k=1.1\sim 1.2$。

(五) 露天深孔爆破施工

此爆破法的施工顺序与小台阶爆破施工大同小异,所不同的主要是:(1) 由于孔深了,起爆药包一般有两个,其放置位置为从孔底向孔口方向,起爆药包一个放在底部装药长度三分之一的位置,另一个放在三分之二的位置。(2) 起爆方案多种多样,可根据爆破规模,一次起爆炮孔的多少,对爆破降震的要求等选择不同的起爆方案,见图 4-16 a~g。(3) 装药方式有人工装药和机械装药,装药时应按设计药量保证装药密度。另外,根据不同的爆破要求,采用连续装药和间隔装药。(4) 因为孔装药量大,要求起爆网路更加可靠准爆,因此对起爆器材要认真检查,确保起爆网路完好。另外,由于炮孔直径大,炮孔钻好后,孔口要加盖,以防人员坠入孔内。

二、地下深孔爆破

地下深孔爆破主要用于地下厚矿体崩矿、地下大型硐室开挖和爆破成井等。采用地下深孔爆破,具有劳动效率高,回采强度大,作业条件安全和成本低等优点。

(一) 深孔布置方式

地下深孔的布置方式主要有平行深孔和扇形深孔,如图 4-17 a、b。

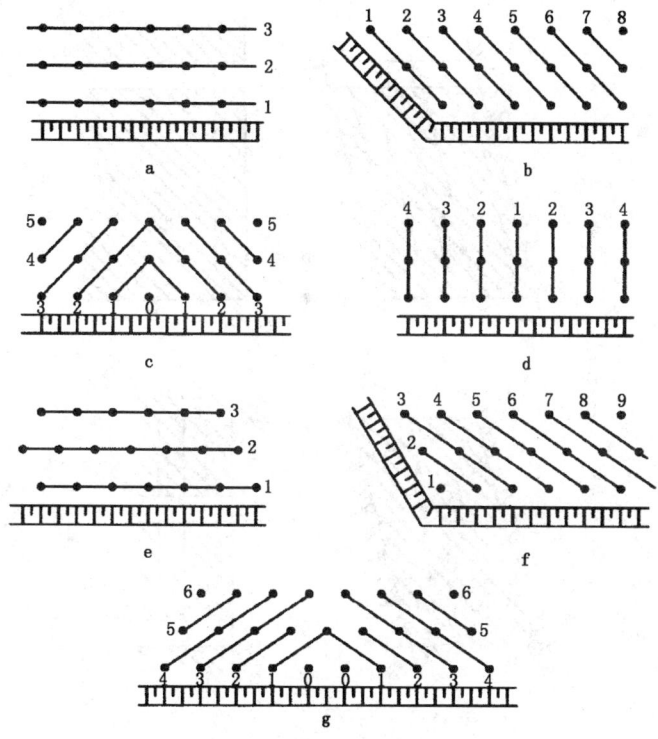

图 4-16 几种常用的起爆方案

地下深孔一般采用多层或多排深孔的微差爆破崩矿。目前有不少矿山推广机械装药、非电毫秒雷管孔底起爆方式,可提高爆破效果,提高炸药能量利用率,钻孔在凿岩巷道、天井或硐室内进行。

(二)爆破参数

1. 孔径 Φ

一般为 55～70mm 或 90～165mm,孔深 L 据采矿方法和矿体厚度而定。

2. 最小抵抗线 w

w 取决于矿岩的坚固程度,炮眼直径和补偿空间大小等因素。

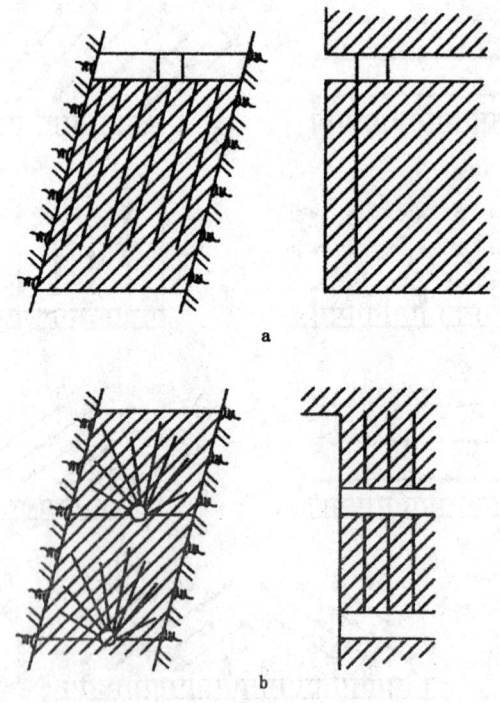

图 4-17 深孔布置方式
a—平行深孔；b—扇形深孔

国内有如下数值供参考：
炮眼直径　50～60　60～70　70～80　90～120(mm)
最小抵抗线　1.2～1.6　1.5～2.0　1.8～2.5　2.5～4.0
(m)

另外，最小抵抗线 w 也可按以下经验公式初估：
坚硬矿岩：$w = (25～30)\Phi$；
中硬矿岩：$w = (30～35)\Phi$；
软矿岩：$w = (35～40)\Phi$

据以上初估后，经装药、试爆后再进行调整，使之达到最佳数值。

3. 孔间距 a

孔间距是同排相邻深孔间的距离。对于扇形孔，a 是随孔深变化的，故常用孔底距 a_1 和孔口距 a_2 来表示。孔底距 a_1 是指从较浅炮孔孔底至相邻炮孔的垂直距离，而孔口距 a_2 是指从堵塞较深的炮孔装药顶面至相邻堵塞较浅的炮孔的垂直距离，如图 4-18。

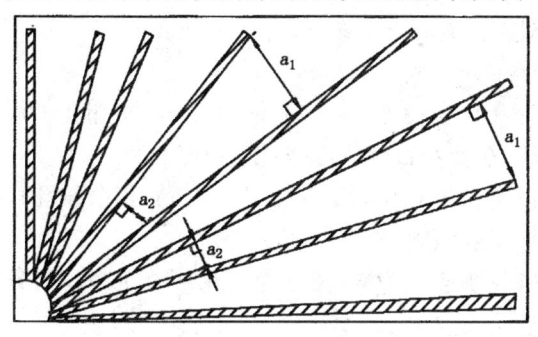

图 4-18 扇形深孔的炮眼间距

孔间距 a 可用 w 和邻近系数 m 来确定：

$$a = mw$$

对于扇形炮孔，据实践经验，其孔间距为：

$$a_1 = (1.1 - 1.5)w$$
$$a_2 = (0.4 - 0.7)w$$

4. 炸药单耗 g

g 取决于矿岩的可爆性、炸药的性能和最小抵抗线 w 等因素，其值可通过爆破漏斗试验确定。由于深孔爆破将产生大块，需进行二次破碎，因此单耗应是一次和二次爆破之和。单孔装药量 $Q_{孔}$，按体积公式计算：

$$Q_{孔} = g \cdot a \cdot w \cdot L = g \cdot m \cdot w^2 L$$

式中符号意义同上。

对于扇形炮孔，因为其 L 与 a 都不相等，通常先求每孔药量，

然后按每排孔的总长度和总堵塞长度,求出每米孔装药量,最后分别确定每孔装药量。每排装药量 $Q_{排}$ 按如下计算:

$$Q_{排} = g \cdot w \cdot s$$

式中:S——一排深孔负担的面积,m^2;

其余符号同上。

一般一次爆破单耗　　$g_1 = 0.25 - 0.6 kg/m^3$

二次破碎单耗　　　　$g_2 = 0.1 - 0.3 kg/m^3$

5. 堵塞长度

扇形深孔堵塞长度 $L_2 = (0.4 \sim 0.8)w$,相邻孔采用交错堵塞长度的方法,免使孔口部位爆破过于粉碎。

(1) 边孔和中心孔取 $L_2 = 1.0 \sim 1.2 m$,其余按孔口距等于二分之一孔底距的原则。

(2) 以一侧边孔为准,第一个孔 $L_2 = 0.7w$,以后各孔装药截止点都相距为 w。

(三)地下深孔爆破施工的安全要求

1. 施工前的准备工作

施工前的准备工作可分为现场和地面准备工作两种。

现场,首先是验收炮孔深度及角度,检查和清理炮孔、拉底和切割槽是否达到边界;补偿空间的容积是否符合设计要求;底部结构是否处于稳定状态;运药和装药地点的安全通道是否畅通;装药台板的架设质量是否符合要求;浮石处理是否彻底;爆破地震波与空气冲击波影响危险范围内的设备是否予以保护。建、构筑物是否予以加固,照明、通讯及通风设备是否完好。若采用电爆网路,对爆区的杂散电流情况必须测定。

经检查后,对不符合要求的项目应及时处理,待合格后才能进行装药。在开始装药之后,绝对禁止任何清理和修复炮孔的工作。

对运药的道路要特别注意,为此要组织专门人员检查通往装药地点的道路情况,并按相应的设备、清理方法、照明方式制定措施。这些工作应专门安排进行,并有专人负责,限期完成。

地面的准备工作,除了要对运药、装药人员进行组织培训外,还要对所有爆破材料按设计作好分组、标记,必要时还要进行地表模拟爆破试验。

2. 网路的联接与导通

装药和堵塞工作完后,应按设计要求将爆破网路(电或非电)以及导爆索辅助网路联接起来。联接工作应由有经验的爆破工负责。联接顺序只准许从远处的爆破支路向起爆地点方向进行,并且要认真逐段检查。当爆破网路有很多分支时,每一分支联接完毕,必须在导通(电)认真检查后(非电)再接入总网路。

为了防止导爆索网中被前几段爆破产生的空气冲击波破坏,需要采取加固措施,通常把导爆索用胶布与 8~10 号铁丝缠在一起。每排前两孔及每隔 4~6 个孔的网路要用木楔并力求靠近顶板加固。

网路联接和加固完备后,必须进行检查。对于导爆管起爆网路只能作外观检查,要认真清点导爆管根数。为了达到可靠起爆,捆扎必须牢固。对于电起爆网路应通过导通检查,导通只准用专用爆破电桥。网路导通的电阻误差不超过设计值的 5%。

第五节　硐室爆破

硐室爆破法是将大量炸药装入硐室和巷道中进行爆破的方法。由于一次的装药量和爆落方量较大,故常称为"大爆破"。

硐室爆破的分类方法比较多,按爆破目的分为松动爆破、崩塌爆破、抛掷爆破、扬弃爆破、定向爆破等。

松动爆破,仅将土岩松动和破碎,而不得将岩块抛掷和扬弃。崩塌爆破,是利用爆破作用将岩石松动,然后使破碎的岩石在重力作用下塌落的一种方法。对于 70°以上的陡坡及多面临空的地形,应用崩塌爆破是最节省炸药的爆破方法。它属于松动爆破,只是应用条件比较严格。抛掷爆破是使爆破作用范围内的岩石不仅被破碎、爆松,而且将部分岩块抛掷出爆破漏斗以外。它应用于多面临空和陡坡地形的效果最佳,其抛掷率可达70%～80%。扬弃爆破是在地面平坦或坡度小于30°的地形条件下,将开挖的沟渠、路堑、河道等各种沟槽或基坑内的挖方部分或大部分扬弃到设计开挖范围以外,使被开挖的工程通过爆破基本成型。定向爆破是将爆破的岩石抛掷到一定方位,其抛掷的距离,堆成一定形状的构筑物,如定向爆破筑坝等。

一、装药形式

硐室爆破的装药形式有两种,即集中装药和条形装药。

集中装药是炸药集中装在药室中,其集中系数为 $\Phi \geqslant 0.41$ 的药包。

$$\Phi = 0.62 V_Q / R$$

式中:V_Q——药包体积,$V_Q = Q/\Delta$,m^3;

　　Q——药包重量,t;

　　Δ——装药密度,t/m^3;

　　R——药室中心至最远点的距离,m。

条形装药:当 $\Phi < 0.41$ 的装药方式称为条形装药。其药室中的炸药呈条形状,它与集中装药相比,爆破时在岩体中的炸药分布比较均匀,因而岩石破碎效果优于集中装药。在抛掷爆破时,堆积体比较集中,药室的开挖跨度和高度比集中药室小,施工比较容易,但装药结构、起爆技术比较复杂。

二、施工技术

(一)起爆药包的布设

起爆药包的起爆能量是起爆药包布设是否合理的关键,因为起爆能量大小对提高整个药室瞬时释放的能量有关键性的影响,还对提高爆炸能量利用率有很大影响。

1. 起爆药包个数与重量

对于集中药室,可采用1个或多个起爆药包,重量为该药室炸药重量的1‰~2‰,单个起爆药包重量为10~25kg。对于条形药室,一般为每5~7m设一辅助药包,每个药包重量为10~20kg。

2.起爆药包的制作

起爆药包一般采用散装2号岩石硝铵炸药,其外壳一般采用木箱制作,起爆雷管与起爆炸药共装在一个箱内,雷管固定在箱内,引线拉出箱外,以便与起爆网路联接。

3.起爆药包的放置位置

小药室只放一个起爆药包,起爆体放在药室中心,当药室较大,且非正方形时,据其具体几何形状和起爆药包个数,按起爆能量均匀分布原则放置起爆药包。

4.起爆药包的起爆网路联接

为使起爆可靠尽量使起爆网路简单,在实际药室起爆中,往往一个药室只有1~2个起爆药包由起爆站直接起爆,为确保网路准爆,一般设置正副起爆网路,对其他起爆体则用导爆索进行联接,使现场施工更简单可靠。

(二)装药

装药前的准备工作主要包括:在组织上建立健全的各级指挥系统和业务部门,如施工作业组、技术组、科研观测组、安全检查组、材料组、机械组、保卫组、后勤组和医疗救护组等。

1.装药前的准备工作

(1)检查药室容积、位置、最小抵抗线等是否与设计图纸吻合。发现问题应在装药前处理完毕。

(2)对采用的爆破器材的数量、质量要有准确了解,并做好质量检查。对电雷管要逐个检查、导通,电阻进行配对。爆破网路按设计进行模拟试验。炸药要作爆破漏斗对比试验。起爆体应按药室编号,对号安放。

(3)对全体施工人员进行基本知识和装药安全技术教育和培训,对工地的运输道路和设置进行检查。

（4）组织好警戒。

（5）检查并处理硐室及药室的安全问题,如处理松石、危石、清除残存的易燃易爆物,检查电器开关及设备的安全等。

2. 装药工作

对多药室同时装药的爆破应建立严格的责任制,这是确保工作顺利安全的关键。每个药室要有专人负责,校核药室药量、炸药品种,堆放形状、起爆药包个数、雷管段数、放置位置等均要严格检查。

在装药中,硐内要加强通风。照明电灯挂在离药堆 2m 以外,在装入起爆药包前,采用电雷管网路要拆除可能产生杂散电流的照明设备。对有淋水药室,底部要作防水处理,顶部要用塑料布盖好,药室边要留流水通道,使积水外排。

（三）填塞

按设计做好填塞工作。注意填塞质量,靠近药包处用细料填塞 2m,后面用爆破碎碴装袋填塞。填塞要密实,平硐顶部要堵严。对起爆网路要用木槽或竹管、塑料管等保护起来。填塞过程中不断检查导通爆破网路。有水药室要留好水流通道。

（四）网路联接与起爆

1. 网路联接

装药完后进行网路联接,先将硐室内各起爆药包联接起来,并进行导通,确认电阻与设计相符,方可填塞。

填塞完毕,确认各硐口的起爆网路完好后,就可撤除爆区现场的器具和人员,并设置警戒,无关人员一律不得进入爆区。

网路联接人员必须是经过训练并熟练爆区网路布置的爆破工。网路联接由远向起爆站逐段进行,每接入一个支路,都必须导通,电阻符合设计时,再接入下一组支路,直到接入总起爆主线。在起爆站检查电源情况,核实电压是否符合要求。在指挥部发出信号后把网路与主线联接,导通整个网路,记录总电阻。联接时注意线头要擦干净,手要擦干净,联接紧密牢靠,剪线时,防止损伤电线;

接头要错开位置联接,遇水电线要架空;线头要绝缘良好;主线预先铺设,但必须短接,并派人看守。在主线上设置两道开关。接到预备信号后,合上一道开关。

2. 警戒与起爆

大爆破前应对警戒范围、警戒点的位置作周密布置,并做好安民告示,将警戒信号和警戒范围公布于众。

警戒信号分预备信号、起爆信号、解除信号,由总指挥部发出。

3. 爆破后的处理

起爆后,经 15～30min 后组织有经验的爆破工会同技术人员在爆区内详细检查并清理危石和不稳定的岩块岩堆。对于特别松软的岩石,需经过 3h 后,才能进入爆区处理。

第六节　药壶爆破

药壶爆破是集中装药爆破的一种特殊形式。药壶的形成是用少量炸药在炮孔底部经多次爆扩形成空腔,再利用这种空腔药室装入更多炸药进行爆破的方法。

这种爆破法,能量更加集中,有利于克服台阶底板的阻力。它与浅眼爆破比较,其钻眼工作量少,装药量较多,爆破效率高;但扩壶施工困难,时间长,且爆堆块度不均匀,大块多。因而不适于坚硬岩石,也不适于在节理、裂隙发育的岩石中应用。

一、应用条件

1. 在台阶爆破中,垂直炮孔随着孔深的增加,底盘抵抗线增加,孔底阻力大,采用扩壶爆破,可大大改善爆破效果,见图 4-19、图 4-20。

2. 在路堑或堑沟的开挖中,如开

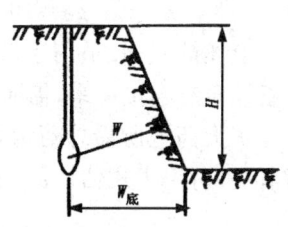

图 4-19　台阶药壶爆破法

挖深度为 5~6m,若采用开挖小井再装药爆破的方法,费工、费时、成本高,用扩壶爆破则快速、经济。

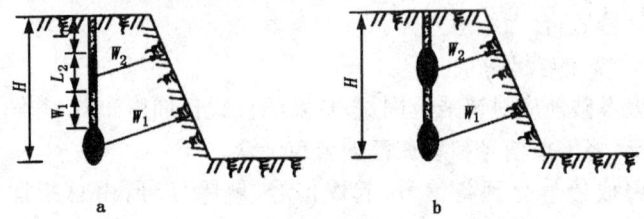

图 4-20 高台阶深孔药壶综合装药结构
a—集中药包与延长药包组合;b—集中药包与集中药包组合

3. 在某些情况下,用扩壶爆破代替浅眼爆破和中深孔爆破,能大大减少钻眼工作量,缩短钻眼时间,增加一次爆破方量,提高爆破效率。对于一些大孤石的爆破,效果特别好。

二、扩大药壶工艺

扩壶原则是"少药多爆",即用少量炸药,多次爆破达到扩大药壶,直到满足设计要求。

1. 扩壶次数与药量

第一次扩壶药量一般为 50~100g,以后按扩壶次序几乎成倍增加。如第一次药量为 1,以后按次序为:1:2;1:2:4;1:2:4:7;1:2:4:7:13……。用简单的公式计算如下,如第一次扩壶用药为 100g,即第 S 次扩壶用药量为 g_S,可参考下式计算:

$$g_S = 100 + (S-1) \times 100 (g)$$

上述简式,较适用于较坚硬的岩石,对于每次扩壶用药量,与岩石性质有直接关系,需通过长期实践才能较准确地掌握。

扩大药壶所需总药量 Q^1 与计算要求的药包重量 Q 及岩石性质有关,可用下式估计:

$$Q^1 = Q/P$$

式中:Q^1——扩壶所需总药量,kg;

Q——计算爆破药包重量,kg;

P——岩石的炸胀指数。

按岩石等级分别为:$P=1\sim200$,坚硬岩石 $P=1\sim10$,软岩 $P=10\sim25$,坚土 $P=25\sim200$。

扩壶所需药量也可参考铁道兵经验计算表 4-3。

表 4-3 扩壶所需药量表

岩土类别	岩土等级	相当于药包重量之比
硬 土	Ⅳ	$Q/50$
松 石	Ⅴ	$Q/30$
松 石	Ⅵ～Ⅶ	$Q/20$
次坚石	Ⅷ	$Q/10$
次坚石	Ⅸ	$Q/10$

表中 Q 为计算药包重量,kg。

扩壶时引爆方法,最好用电雷管或非电雷管,用导火索——火雷管也可,但导火索要有一定长度,严禁用短导火索点燃后丢入孔底进行扩壶。一般不用导爆索,以免破坏孔壁。

扩壶次数根据岩石性质而定。

2. 扩壶工艺

(1) 扩壶的点火方式如上所述。

(2) 装药后,可堵塞药包高度的 0.8～1.2 倍,用沙土或干沙,不能有石子,也可不堵塞。

(3) 注意事项:扩后,孔内温度高,要待孔底温度降至 40℃后,再行装药,以防早爆。也可灌入小量水降温,也可用水压扩壶;深孔扩壶时,禁止向孔内投掷起爆药包,超过 5m 的炮孔,不能用导火索起爆;扩壶的药包必须装至孔底,不能装到半途。

三、药壶爆破的设计与计算

1. 爆破参数

药壶爆破的爆破参数有台阶高度 H，最小抵抗线 W，孔间距 a 及每孔装药量 Q。

台阶高度是上下两个水平的垂直距离；最小抵抗线是药壶中心到台阶坡面的垂直距离；孔间距也称药包间距，是两药壶中心的距离；排距即药包排间的距离，每孔装药量即按爆破作用指数 n 值不同，采用不同的计算公式即：

抛掷爆破 $\qquad Q = kw^3 f(n)$

松动爆破 $\qquad Q = gv = gaHw$

式中：Q——药包重量，kg；

W——最小抵抗线，m；

H——台阶高度，m；

K——标准抛掷爆破时($n=1$)炸药单耗，kg/m³；

g——松动爆破时($n<0.75$)炸药单耗，kg/m³。

据集中药包计算原理，当 $W/H = 0.6 \sim 0.8$ 时，可以爆松整个台阶，当 $W/H = 0.8 \sim 1.0$ 时，爆破效果较为理想。

2. 炮孔、药壶的排列方式

药壶爆破为集中药包爆破，爆破效果不够理想，易产生大块，可采用集中药包和延长药包交叉布置的排列方法，如图 4-21 所示，这样可改善爆破效果，减少大块。

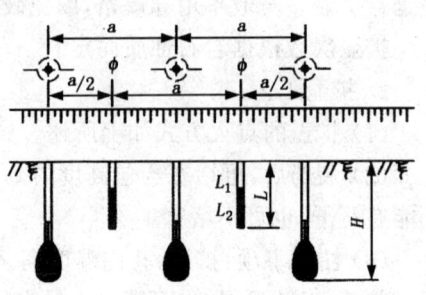

图 4-21 药壶与延长药包交错布置法

3. 装药结构

当采用集中药包时，其装药结构与硐室爆破相似，即起爆药包放在药壶的中央，两个起爆药包布置在一起，当采用延长药包时，装药结构与深孔爆破相似，起爆药包放在站柱长度的 1/3 和 2/3 的位置。

另一种药壶布置法是上下层药壶布置法,如图 4-22。这种布置法是在坚硬或次坚硬的岩石中或台阶高度较大时,用一个药壶不能达到良好的爆破效果时采用的方法。

药量计算,各药壶单独计算,上下层药壶中心距 h 按集中药包计算,$h=1/2(w_1+w_2)$。

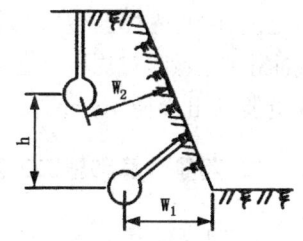

图 4-22 上下层药壶布置法

第七节 裸露爆破

一、应用条件、特点和优缺点

1. 裸露爆破的特点

它是利用扁平药包放在被爆物体表面进行爆破。它实质上是利用炸药的猛度对被爆物体局部产生压缩、粉碎或击穿作用。因此炸药能量的利用率低,耗药量大。所用炸药是炮孔爆破的 3~7 倍。

2. 应用条件和应用范围

其施工条件是爆破地点周围没有重要设备和设施。它主要用于不合格大块的二次破碎、清除大块孤石、破冰和爆破冻土以及野外钢筋砼桥面或薄板砼或钢筋砼结构等。

3. 优缺点

其主要优点是爆破作业简单,施工人员易掌握,不需要钻孔及其机械设备,施工速度快,耗用劳动力少,具有很大的灵活性。其主要缺点是炸药能量利用率低,单位用药量大,爆破时噪音大、空气冲击波大,飞石距离远,可达 400m,破碎的体积受限制一般不大于 $1m^3$。

在安全上应注意的问题:单个药包起爆时,药包之间要有适当的距离,防止先爆药包影响邻近药包;多个药包齐爆时,响声大,空气冲击波强烈,对周围设备要加强防护,飞石距离远,爆破时,周围人员要撤出半径400m外。

二、药量计算和施工工艺

1. 药量计算

(1) 药包重量计算依据:主要是根据岩石的等级(硬度)和被爆物体积。

(2) 药量计算经验公式:按体积公式

$$Q = g \cdot V$$

式中:Q——药包重量,kg;

g——单位体积用药量,kg/m³;

V——大块岩石或孤石的体积,m³。

爆破冻土时,单位体积用药量与软岩接近,为

$$g = 1.3 \sim 1.6 (\text{kg})$$

2. 施工工艺

按计算的药量,将炸药制成圆饼形,药饼的厚度应大于该种炸药的临界直径(硝铵炸药应大于3cm),药饼直径根据药量而定。起爆雷管放在药饼的中央位置。最后用覆盖材料将药饼覆盖起来,并加压实。覆盖物可用粘土、水袋等,其覆盖厚度应大于药包厚度。严禁用干沙或石块。覆盖前用塑料布或牛皮纸将炸药与覆盖物隔开。覆盖物应把整个药饼盖严。

药包的起爆可用导火索——火雷管、导爆管雷管、导爆索、电雷管等。

用导火索起爆时,每个裸露药包之间要相隔适当距离,防止先爆药包爆炸时产生的空气冲击波将邻近药包冲散,药包个数多时,应有标志,防止漏点火。

露天裸露爆破,一次最多用药量不得超过20kg。避炮人员的安全距离为400m。对空气冲击波的安全距离R,用$R = 25\sqrt[3]{Q}$

(m)确定,式中 R——空气冲击波的安全距离,m;Q——一次用药量,kg。

裸露药包放在被爆破物的中央位置,如图 4-23,对于孤石部分埋入土中的可采用半裸露药包爆破,如图 4-24、图 4-25、图 4-26 的安置方法。

三、利用聚能药包破碎大块

用聚能药包代替药饼,能提高炸药能量利用率。聚能药包的结构如图 4-27。药柱高 H 与药柱直径 Φ_2 的关系是:$H \leqslant 3\Phi_2$。药包放置时,聚能药包底部至被爆破物表面要有一定距离 H,叫炸高。一般 $H=(1\sim 3)\Phi_3$,可得到较满意效果。聚能药包的聚能穴形状有锥形和半圆形。聚能穴内安置有药型罩,药型罩材料有紫铜、铸铁、铸钢、陶瓷等,其中紫铜为最理想。破大块的聚能药包,也可不安放药型罩,只把炸药压实成聚能穴。

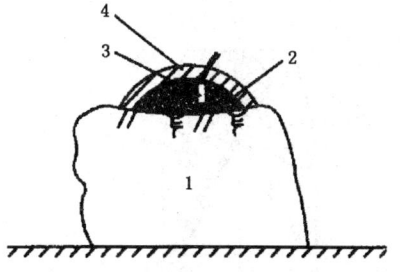

图 4-23 裸露药包的放置方法
1—岩石;2—炸药;3—雷管;4—覆盖材料

图 4-24 半裸露药包爆破孤石
1—炸药;2—覆盖材料

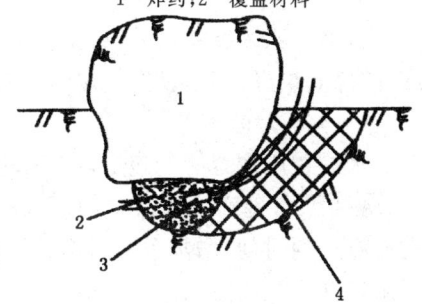

图 4-25 炸除埋入泥土内的孤石
1—孤石;2—炸药;3—雷管;4—堵塞材料

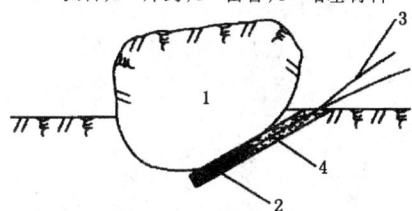

图 4-26 蛇穴爆破法
1—巨石;2—药包;3—雷管脚线;4—堵塞材料

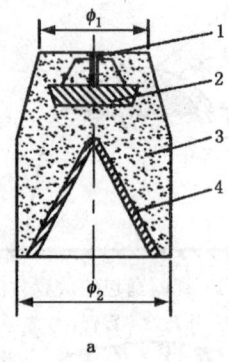 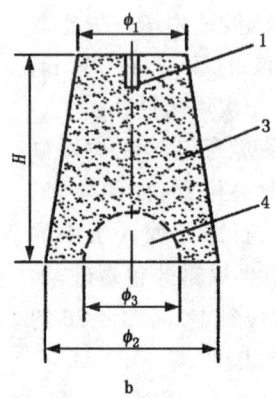

图 4-27　圆台形聚能药包
1—引信装置；2—隔板；3—炸药；4—聚能穴

四、利用水封压缩聚能药包破碎大块

以聚氯乙烯袋装水后，封盖在聚能药包上，药包用 8 号雷管起爆、破碎效果好，其水袋形状如图 4-28。

（一）水封的作用

水封袋压在聚能药包上，炸药爆炸时，延缓了爆轰产物抛散，延长了作用在岩石上的时间，增加了对岩石的破碎作用，还能消音、防尘、减少飞石。

（二）水封爆破的施工

1. 药包制作

（1）形状尺寸如图 4-27b，为简单方便，一采用圆台形药包、半球形聚能穴。

（2）药柱加工　在工房内的木质加工台上，地板铺上橡胶或塑料板，工作人员穿胶底鞋。炸药采用粉状硝铵袋

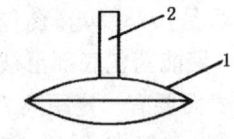
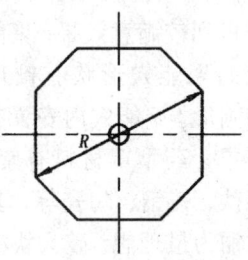

图 4-28　水袋形状
1—水袋；2—注水口

装炸药,用台称称量。将称好的炸药倒入模具内,用螺旋压力机压药,压至密度为 1.20～1.25g/ml。去掉压模,取出药柱。将药柱用纸包好,涂上熔化的石蜡。

2. 爆破作业操作

根据岩石大块的体积、形状、硬度等情况,选择合适的药柱,聚能穴朝向大块,紧靠表面,清理药包周围的碎石。在聚能药包上,将起爆雷管插入预留的孔中,用胶布加以固定,引出雷管脚线或导火索。将盛水的塑料袋盖在药柱上,顶部水的厚度大于 2～3cm,并将整个药柱全部封住。联接好起爆网路,所有人员撤至 400m 以外,放好警戒即起爆。经一定时间后,爆破工进入爆区,检查爆破效果,若有盲炮,由爆破工进行处理。

第八节 光面爆破

光面爆破,就是控制爆破的作用范围和方向,使爆破后岩面光滑平整,防止岩石开裂,减少超、欠挖和支护工作量,增加岩壁的稳定性,减少爆破对保留岩体的破坏作用,进而达到控制岩体开挖轮廓的一种技术。

一、应用范围及其特点和优缺点

1. 应用范围

光面爆破广泛应用于地下工程,如巷道开挖,大型隧道、公路、铁路隧道及构筑地下工事等,为保证岩壁平整,岩体完整,保持其稳固性。另外,露天矿边坡,公路、铁路边坡等,均常采用光面爆破技术。

2. 特点

它与预裂爆破的不同之处是:它在主炮孔爆破之后进行,有两个自由面。

3. 优缺点

主要优点是:对围岩的破坏轻微,只有普通爆破的 1/2～1/3,

从而提高了围岩的稳定性;可以大大地减少巷道及边坡的超、欠挖,提高施工质量,加快施工进度,节省大量的支护材料和支护工作量;围岩壁平整,危石少,撬顶工作或边坡危石处理简单,可避免局部冒顶或局部滑坡的危险。其主要缺点是:钻孔工作量大量增加,使用的起爆器材增加,装药工作量增加,因此爆破费用大大增加。

二、光面爆破参数

为获得良好的光面效果,一般选用低密度、低爆速、低体积的炸药,以减少炸药爆轰波的击碎作用和延长爆轰气体的膨胀作用时间。最好是选用光面爆破专用药卷,以提高装药速度并能获得预期光面效果。

1. 孔径与孔距

光面爆破的炮孔直径可与主炮孔的直径相同,若为浅孔爆破,其孔径一般为 38~42mm,若为中深孔爆破,一般为 80~160mm。孔间距为主炮孔孔距的 $1/2\sim1/3$。

2. 与邻近主炮孔的排距

一般为正常炮孔排距的 $1/2$。

3. 光爆孔深度

比主爆破超深, $h=(0.1\sim0.2)L$, L 为主爆孔深度。

4. 最小抵抗线

光爆炮孔中心到邻近主爆孔中心的距离为最小抵抗线,一般应大于或等于光爆孔间距。

5. 炮孔临近系数

也叫密集系数 m,即孔间距与抵抗线之比: $m=a/w$,当 m 过大时,爆破后,可能在光爆眼间留下岩埂,造成欠挖。当 m 过小时,则会在新壁面造成超挖凹坑。实践表明,当 $m=0.8\sim1.0$ 时,爆后的光面效果最好。

6. 线装药密度

又叫装药集中度,它是指单位长度炮眼中装药量的多少(g/

m)。为了控制裂隙的发育,在保证新壁面的前提下,应尽量减少装药量。一般线装药密度如下:软岩为 70~120g/m,中硬岩为 100~150g/m,硬岩为 150~250g/m。

7. 不偶合系数

不偶合系数 k 是指炮孔直径 d 与药卷直径 d_0 之比:

$$k = d/d_0$$

不偶合系数 k 大于 1,表示炮孔直径与药卷直径不偶合,药卷与炮孔之间有间隙,k 越大,则空隙越大。大量实践证明,$k \geqslant 2$~2.5 时,光爆效果最好。大部分情况下,选用 $k= 1.5$~2.5。

8. 起爆间隔时间

实践证明,齐发起爆的裂隙面最平整,毫秒延期起爆次之,秒延期起爆最差。所以在实施光面爆破时,间隔时间越短,壁面越平整。最好选用导爆索起爆,其瞬时性最好。若用雷管起爆,间隔时间不应超过 100ms。

三、光面爆破的质量要求

1. 半边孔保留率也叫眼痕率,硬岩不小于 80%,中硬岩不小于 60%。
2. 软岩中的巷道或露天爆破的边坡应符合设计要求。
3. 两炮衔接台阶尺寸,眼深小于 3m 时,不得大于 150mm;眼深为 5m 时,不得大于 250mm。
4. 岩面不应有爆震裂缝。
5. 巷道周边不应欠挖,平均线性欠挖值应小于 200mm。

第九节 预裂爆破

一、概述

所谓预裂爆破,就是在正式爆破前,预先沿着设计的轮廓线爆破出一条一定宽度的裂缝,以保护保留区的岩体少受爆破的破坏。它与光面爆破一样,都是周边控制爆破。

采用预裂爆破能比较有效地控制爆破震动的范围,预先爆出的裂缝,能较大程度地衰减正式爆破时产生的地震波,即能起到保护围岩稳定不受或少受破坏。

炸药在炮孔中爆炸时,减轻对孔壁压力的措施与光面爆破一样:采用低猛度、低爆速、低密度的炸药;采用不偶合的装药结构,即采用小直径药卷。

二、爆破参数

1. 孔径与孔距

一般情况下,预裂孔的孔径、药卷直径和孔距比其他炮孔要小。对于深孔爆破,预裂孔的孔径通常为 50~100mm,对于生产矿山来讲,有时按生产的实用设备来选孔径可达 170~200mm。孔间距取 10~15 倍孔径,对预裂缝要求严格时,可加密预裂炮孔,使孔距减小到孔径的 7~10 倍。

2. 与邻接孔的排距

一般为正常炮孔的一半,主要是控制孔底的距离不得大于 1.5~2.0m。

3. 炮孔深度

预裂孔原则不得超深,最多超深不超过 0.5m。

4. 炮孔排列

预裂孔沿着设计轮廓线,按上述孔距的大小,均匀排列。

5. 装药量

预裂孔的装药量一般为 0.1~1.5kg/m^3,由于孔底岩石夹制作用很大,为确保预裂缝贯通到孔底,在孔底 1~2m 长度上,应适当加强装药。当孔深小于 5m 时,底部加强药量每米药量增加 1~2 倍;当孔深为 5~10m 时,加大 2~3 倍,孔深大于 10m 时,加大 3~5 倍。

6. 堵塞长度

预裂爆破对堵塞要求不严格,一般只在孔口 0.6～2m 的位置进行堵塞。

7. 不耦合系数

预裂爆破不偶合系数比光面爆破大,以 2～5 为宜。

8. 孔间起爆间隔时间

与光面爆破一样,要求预裂孔起爆间隔时间短,最好同时起爆。同样,采用导爆索起爆较为理想,装药及起爆见图 4-29。

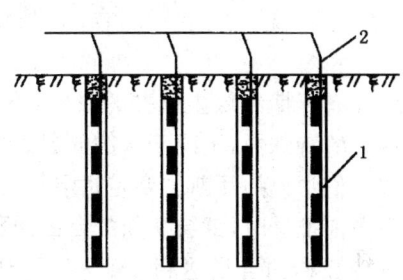

图 4-29　预裂爆破孔布置图
1—预裂孔;2—导爆索

三、应用范围

预裂爆破主要用于露天台阶爆破的边坡及公路、铁路路基开挖爆破的边坡孔。地下巷道及隧道开挖由于其夹制作用大,用预裂爆破很难形成预裂缝,因此不宜使用。

第五章 特殊环境爆破

第一节 煤矿爆破

在有瓦斯和煤尘矿井的爆破,不论是爆破器材或爆破方法都具有它的特殊性,不同于一般的爆破作业。

人们常说的瓦斯主要是指沼气(主要成分是 CH_2)。当矿井工作面向前推进时,就会从新的自由面和煤堆里不断放出瓦斯,一旦空气中瓦斯的含量达到 4%～15% 时,就形成了爆炸性的气体混合物,这种混合物遇有温度为 650℃ 的热源,经 10s 的感应时间,即可爆炸。

煤尘是指 0.75～1.00mm 的煤粉,当煤尘在空气中的含量达到一定数量时,遇到火源也可能发生爆炸。

无论是瓦斯爆炸,还是煤尘爆炸都是一场灾难。因为这些爆炸有很大的破坏作用,同时产生有毒气体、高温和爆炸火焰,导致工作人员伤亡、设备或建设物损坏,使生产中断。若两者同时发生爆炸时,则其危害更大。

一、防止瓦斯与空气混合物被引燃的方法

为了提高在有爆炸危险气体的地下巷道中进行爆破作业的安全程度,制定和采用了各种不同的预先净化气体的方法,包括在炮孔爆炸瞬间在工作面形成高惰性的安全介质区。

为了防止瓦斯与空气混合物或粉尘与空气混合物被引燃,可采用喷雾、高频空气机械泡沫、长期作用的喷水帷幕和用泡沫或气体状消焰剂等使工作面空间惰性化。

喷雾方法是在巷道工作面附近的空间建立一个区域,这个区

域内充满着细粒分散的水雾,水雾阻止爆炸气体混合物引燃反应的发展。

为建立喷雾水幔,可采用装有水的体积为20～25L的容器挂在巷道内,或者体积为40～45L装有水的容器放在底板上。

喷雾药包与工作面全部炮孔相连接并同时起爆,通常超前15～30ms。

一个容器的水幔有效作用半径为2.5～3m,作用时间为0.5～0.6s,水量消耗每$1m^2$巷道不少于5L。

高频机械空气泡沫与喷雾相比,其主要优点是作用时间长。它不仅可防止由于爆炸过程中的爆轰而引燃有爆炸危险的数量级合物,而且也可以防止燃烧的药包引燃有爆炸危险的混合物。机械空气泡沫充满巷道,可使巷道中的粉尘降低1/2～7/8,空气中有毒气体降低1/3～1/2。

长期作用的喷水帷幕是利用细粒分散水雾的消焰作用。它借助于专门的喷水装置给予它的压力,通过多孔分配管喷水。为了可靠地防止瓦斯与空气混合物被药包引燃,水幔中的水的含量为每立方米不小于0.1kg,颗粒分散度小于$100\mu m$。

此外,还可以用专门的炮孔药包喷射消焰剂,药包埋设在孔底。主要的消焰剂有碘化钾和碘化钠、溴化钠、氯化钠、氯化钾、碳酸氢钠、氯化铵和磷酸铵。

国外还有用强制向爆源或燃烧面供给爆炸熄灭材料的方法,自动抑制正在发生的燃烧;或在工作面附近充满某些封闭的惰性气体,形成惰性化的混合物,防止有爆炸危险的混合物被引燃。

二、有瓦斯或煤尘爆炸危险的矿井爆破的安全技术要求

在有瓦斯和煤尘的矿井爆破时,必须注意以下几点:

(1) 在装药起爆前爆破人员必须检查距爆破地点20m以内风流中的沼气,沼气浓度应小于1%,如果发现沼气浓度超过1%时,禁止装药爆破。

(2) 通过前述方法稀释采掘工作面前后 20m 内空气中的瓦斯和煤尘的浓度,或使其惰性化。

(3) 在有瓦斯或煤尘爆炸危险的煤层中爆破时,禁止使用明火起爆和裸露爆破法,因为裸露爆破炸药是在岩块的表面爆炸的,爆炸火焰直接暴露在矿井空气中,最容易引起瓦斯和煤尘爆炸。采用电雷管起爆时,必须使用瞬发电雷管,若使用毫秒延期电雷管时,最后一段的延期时间不得超过 130ms,其目的是为了防止先起爆的药包引起瓦斯或煤尘爆炸。

(4) 应根据瓦斯矿井的等级选择相应等级的煤矿安全炸药。

矿井瓦斯的等级,按照平均日产一吨煤漏出的瓦斯量和瓦斯涌出形式,划分为:

低瓦斯矿井:$10m^3$ 及其以下

高瓦斯矿井:$10m^3$ 及其以上

煤尘与瓦斯突出矿井。

根据近年来的瓦斯或煤尘爆炸事故分析,发现有的高瓦斯矿井煤层采掘工作面采用一级煤矿许用炸药,由于炸药安全等级低,安全性差,曾引起过多起瓦斯或煤尘爆炸事故。因此,国际《爆破安全规程》规定:无沼气岩巷掘进工作面可以使用非煤矿许用炸药;低瓦斯矿井,有瓦斯或煤尘爆炸危险的采掘工作面,必须使用一级或一级以上的煤矿许用炸药,高瓦斯矿井,有瓦斯或煤尘爆炸危险的采掘工作面,必须使用二级或二级以上的煤矿许用炸药,有煤尘与瓦斯突出危险的采掘工作面,必须使用三级或三级以上的煤矿许用炸药,严禁使用黑火药。

(5) 炮孔深度不得小于 0.65m,在煤层内的爆破,填塞长度至少应为炮孔深度的二分之一;使用截煤机掏槽时,填塞长度不得小于 0.5m;在岩层内爆破,炮孔深度在 0.9m 以下时,装药长度不得超过炮孔深度的二分之一;炮孔深度在 0.9m 以上时,装药长度不得超过炮孔深度的三分之二,炮孔剩余部分都应用填塞材料填满。可用水炮泥或不燃性、可塑性的松散材料(如粘土和沙子的混合物等)填塞炮孔。水炮泥在爆破过程中,有明显的降尘、消焰、降低有害气体浓度的作用,在煤矿井下爆破应积极推广水炮泥。由于无填塞或填塞长度不足的炮孔爆破,曾发生过多起瓦斯或煤尘爆炸事故,因此,在使用水炮泥时,其后部必须用不小于 0.15m 的炮泥将炮孔填满堵严。无填塞或填塞长度不足的炮孔严禁爆破。工作面上所有的废炮孔在爆破前应用不燃性材料充满填实。

(6) 在瓦斯危害严重的矿井里应安设瓦斯自动检测报警断电装置,防止爆破施工作业过程中瓦斯浓度超限,引起瓦斯爆炸事故发生。

(7) 井下有关安全人员应随时携带瓦斯检定器进行检查,以便判定瓦斯浓度。在有瓦斯的矿井中要建立专门的管理制度,如加强通风,禁止明火,安设管道进行瓦斯抽排等。

第二节 硫化矿山爆破

在硫化矿中进行爆破作业,除了遵循一般爆炸作业规定以外,还需要预先考虑三个特殊的安全问题:

(1) 硫化矿物及其氧化物与硝铵炸药之间发生反应,会形成炸药自爆;

(2) 硫化矿物暴露于空气中氧化发热在一定条件下聚积以至燃烧,并由此带来高温爆破安全问题;

(3) 爆破时产生的高温引起悬浮在空气中的硫化矿尘爆炸。

一、硫化矿中的药包自爆

硫化矿床中的硫化物,在适当的温度和湿度条件下,会发生下面的氧化反应:

$$2FeS_2 + 7O_2 + 2H_2O \rightarrow 2FeSO_4 + 2H_2SO_4 + 613.8(cal) \quad (5-1)$$

硫酸亚铁不稳定,进一步氧化成硫酸铁:

$$12FeSO_4 + 3O_2 + 6H_2O \rightarrow 4Fe(OH)_3 + 4Fe_2(SO_4)_3 \quad (5-2)$$

硫酸铁作为一种氧化剂又与黄铁矿作用：

$$FeS_2+Fe_2(SO_4)_3+2H_2O+3O_2 \rightarrow 3FeSO_4+2H_2SO_4 \quad (5-3)$$

上述反应生成的硫酸与硝酸铵作用生成硝酸,硝酸与黄铁矿作用生成二氧化氮：

$$H_2SO_4+2NH_4NO_3 =\!=\!= (NH_4)_2SO_4+2HNO_3 \quad (5-4)$$

$$64HNO_3+FeS_2 \rightarrow 2Fe_2(SO_4)_3+2H_2SO_4+O_2+64NO_2+30H_2O \quad (5-5)$$

反应结果,使温度不断积累、升高,引起炸药燃烧,最终导致起爆器材(雷管)爆炸,并起爆未燃炸药。若炸药中没有起爆材料,有两种情况可能发生,一是炸药燃烧而不爆炸；二是燃烧区可能形成高温高压则转为爆炸。例如,1962年5月,安徽铜山铜矿在井下硫化矿床中进行大爆破时,药包中有电雷管,结果发生药包自爆事故,造成了数十万元的经济损失；又如1982年1月14日,湖南某矿在井下进行两排深孔爆破中,用装药器向炮孔中装填粉状2号岩石炸药,当日8时开始装药(导爆索装到孔底),13时左右第一排炮孔突然爆炸,致使正在岗位上的6人遇难；江西某铜矿一次在含硫矿床中进行大爆破时,一个药室发生炸药自燃,使几吨炸药全部烧毁,但未发生爆炸。

硫化矿药包自爆的条件是：

(1) 矿石氧化过程中产生的硫酸铁和硫酸亚铁离子量之和($Fe^{+2}+Fe^{+3}$)在0.1%以上。没有这种物质,在30～70℃的温度下,炸药与硫化矿接触就不会加速温升,因而就没有发生自爆的可能。

(2) 黄铁矿(FeS_2)的含量在30%以上。

(3) 矿石中含水量3%～14%。水分太少,前述化学反应不易形成；水分太高,会使炸药潮解而失去反应能力。

(4) 矿石温度在30℃以上。化学放热反应的快慢与温度成正比,没有氧化的井下硫化矿石温度一般在24℃以下,不致于引起药包自爆。

(5)使用粉状硝铵类炸药,如使用铵梯炸药、铵油炸药、铵松(沥)蜡烽药等以硝酸铵为主的混合炸药时,与具有一定浓度(3N以上)的硫酸作用,能促使硝酸铵分解产生二氧化氮与大量生成热。一般,硫化矿中所具有的硫酸浓度不超过1~2N,硫化矿与硝酸铵是一种吸湿性很强的盐,它吸收矿石中硫酸的水分,起到浓缩硫酸的作用。

(6)炸药与硫化矿直接接触。一个矿井中的硫化矿石能否使硝铵类炸药发生自爆,这是随时都应注意观察和检测,并作出判断的。无论是在矿床开拓时或平时的生产爆破之前都应采取矿样进行分析。主要应取氧化后带灰黑色的粉矿。如果是深孔或浅孔爆破,应设法将孔底的矿样(粉矿)取出分析,最好对炮孔进行测温以后,选择温度较高的炮孔取样进行分析试验。总之,所取样品要具有代表性,不能各点平均处理。为了防止水分蒸发,样品应用密闭容器封装。

将所取的样品,进行黄铁矿、Fe^{+2}、+Fe^{+3}和水分含量分析,与上述条件对比,然后采取防自爆措施。

防止硫化矿床中药包自爆的措施有:

(1)首先检测矿石成分是否具备炸药自爆的条件,主要是检测前述炸药自爆条件中的四项,其中三个需要化验分析,比较繁琐。为了简便,可以先测量矿石温度(不能用矿石的表面温度代替),若温度比一般矿井温度高或有怀凝时,再进一步进行其他条件的分析。

(2)不采用硝铵类粉状炸药,而采用抗水炸药,如胶质炸药、乳化炸药、水胶炸药等,这些炸药与硫化矿接触时不容易发生化学反应。

(3)不使炸药与硫化矿直接接触。硫化矿与粉状硝铵炸药(或铵油炸药)接触愈好,达到自爆所需的时间愈短。隔离的办法是加强和改善炸药包装,保证炸药不与矿石接触或炮孔灌浆降温。例如,铜官山露天矿在1963年7月的一次有自爆危险的深孔爆破中

（孔温 42℃，室内试验能自爆），采用灌浆降温、牛皮纸包装、危险炮孔最后装药的办法，顺利地完成了爆破任务。又如 1964 年 5 月，铜山铜矿确定在有自爆危险的地点进行爆破，把硝铵炸药用石蜡牛皮纸及玻璃丝布包装，使之不与矿石接触，安全地进行了 14t 炸药的深孔爆破。

（4）快速装药，缩短装药时间，把有自爆危险的炮孔留在最后装药，并采用孔口起爆，把起爆时间赶在加速反应之前，减少自爆危险。

（5）研究使用硫化矿用安全炸药。这种炸药一是在硝酸基炸药中加入具有物理性覆盖隔离作用的添加剂，使炸药组分不能直接与硫化矿及其他活性物质接触，从而不会互相作用产生化学反应；二是在硝酸基炸药中加入对分解和自然反应具有化学抑制、中和或减慢作用的添加剂（采用溶渗、固态混合或化学吸附结合等方式），从而保证炸药即使与活性物质接触或掺混也不起化学反应，这种炸药的热安定性一般大于硫化矿中高温炮孔温度。

二、硫化矿中高温爆破

硫化矿中除药包自爆外，还有高温爆破的危险。黄铁矿和磁黄铁矿强氧化放出的热量使爆破区的矿石和空气温度一般在 32~37℃，最高达 60℃，炮孔温度一般为 60~120℃，孔底最高温度高达 200℃，爆炸材料在炮孔内受高温的影响，结构性能将发生变化，感度提高，在温度超过爆炸材料的临界温度时会发生爆炸事故或者因性能变化使拒爆率提高，给爆破安全工作带来严重威胁，因此，根据不同的炮孔温度，采用不同的爆破器材和不同的措施是很重要的。

温度对爆破器材有很大影响。将 100 发雷管在一定温度下连续受热 48h，把有一发发生爆炸的最低温度作为雷管的自爆临界温度。经大量试验，普通工业雷管的自爆临界温度一般为 100~110℃ 之间。

温度超过100℃,普通雷管会发生爆炸,温度低于100℃,普通工业雷管的冲击摩擦感度、发火电流和电桥完好率也会发生变化。当温度为30℃时,冲击试验的爆炸率为20%;温度80℃时,爆炸率提高到90%,温度低于70℃,保持恒温17h以内,电桥完好率为100%;温度在80~90℃时,保持恒温24小时后,电桥完好率只有43.5%。温度增高,最小发火电流下降,对杂电、静电的敏感度也将提高。

温度对延期雷管也有很大影响。用导火索作延期件的秒延期雷管,当温度为50℃时,保持恒温30h后发火率为31.2%,100℃时,保持恒温30h后发火率仅为6%。

导爆管在50~100℃时变软,强度降低,而且容易穿孔,影响秒量精度,出现串段现象。

硝铵类粉状炸药易溶于水,其溶解度随温度升高而提高,在高温炮孔中,炸药不但容易吸收矿石和空气中的水分,而且也容易加速分解造成燃烧事故。

预防硫化矿高温引起的早爆措施有:

(1)装药前三天准确测量炮孔底(或药室)的温度,并进行登记。

(2)杂散电流超过10mA时,应采取防杂散电流措施或采用非电起爆。

(3)孔底温度低于80℃,可用各种炸药爆破;孔底温度高于80℃,不应使用硝铵炸药、铵油炸药、铵松蜡和铵沥蜡炸药,应使用抗水硝铵炸药等防水炸药;孔底温度高于140℃,只能使用耐温炸药。

(4)孔底温度为60~80℃,只准使用沥青牛皮纸包装炸药;孔底温度为80~140℃,必须用石棉织物或其他耐高温的包装材料包装炸药,炸药不得与孔壁接触,温度低于60℃,可用普通牛皮纸包装。

(5)孔底温度低于80℃,可用铜、铁、铝雷管起爆;60~80℃自向孔内装药至爆破时间不得超过 1h,温度为 80～140℃时,只能采用防热处理的黑索金导爆索起爆;自装药至起爆的时间应经模拟试验确定。

三、硫化矿尘的爆炸

很多物质的粉尘以悬浮状态分散在空气中且有一定的浓度时,在一定热能作用下会发生燃烧或爆炸。不同的物质具有不同的爆炸范围。表 5-1 是一些物质的粉尘同空气混合时的爆炸浓度下限。粉尘爆炸除了与浓度有关外,还与空气中的氧含量、粉尘的含水量、粉尘的粒度和引爆能量的大小有关。表 5-2 是某些粉尘爆炸时的爆炸参数。

表 5-1 同空气混合的粉尘爆炸浓度下限

粉 体	爆炸下限(g/m^3)	粉 体	爆炸下限(g/m^3)
Zr	40	乙烯树脂	40
Mg	26	合成橡胶	30
Al	35	环六亚甲基四胺	15
Ti	45	无氮酞酸	15
Si	160	酯肮	45
Fe	120	木粉	40
Mn	216	纸浆	60
Zn	500	淀粉	45
天然树脂	15	大豆	40
丙烯醛乙醇	35	小麦	60
苯粉	35	砂糖	19
聚乙烯	25	硬质橡胶	25
醋酚纤维	25	肥皂	45
木素	40	硫磺	35
尿素	70	煤	35

表 5-2　几种粉尘的有关爆炸参数

粉尘种类	最低点火温度(℃)	最小点火能量(ml)	最大爆炸压力($\times 9.807 \times 10^4 Pa$)
铝粉	610	10	8.89
铁粉(氢还原的)	320	80	4.47
镁	560	46	8.12
锰	460	305	8.71
锆	20	15	4.13
醋酸纤维素	420	15	5.95
尼龙	500	20	5.88
聚碳酸脂	710	25	6.72
聚氨基甲酸酯泡沫	550	15	6.72
聚乙烯	450	10	5.60
聚丙烯	420	30	5.32
虫胶	400	110	5.11
玉米粉	400	40	7.42
软木	460	35	6.72
麦乳精	400	35	6.65
面粉	440	60	6.79
锯末(松木)	470	40	7.91
阿司匹林	660	35	6.16
维生素 B	360	60	7.07
硫磺	190	15	5.46
煤粉	550		5.46

硫化矿中含有可燃性硫,当矿尘中含硫量达到一定数值时就具有爆炸性。矿尘的产生主要是打眼、放矿和放炮。当采用火雷管爆破或分段起爆时,先起爆的炸药爆炸提供热源便有可能引起矿尘爆炸。

硫化矿尘爆炸需要具备的条件是：

(1) 矿尘含量高于 40%；

(2) 矿尘含水量低于 5%；

(3) 矿尘浓度：黄铁矿＞0.39g/L；磁黄铁矿＞0.425g/L；黄铜矿＞0.505g/L；硫＞35g/L。

(4) 有足够的引爆能量。例如在 0.83m³ 铁箱中，引爆硫化矿尘的炸药量应大于 5g。

判别硫化矿尘爆炸的方法：

爆破时将摄影胶卷做成旗状固定在离工作面一定距离(5～20m)的巷道壁上，一旦矿尘爆炸，胶卷将被灼烧，以此来判断何处曾发生硫化矿尘爆炸；或者借助于高温热敏电阻，测定距工作面 7～10m 以内的空气温度，若温度在 100～700℃时，即可判定为曾发生矿尘爆炸。

预防硫化矿尘爆炸的措施：

(1) 不用火雷管爆破，采用电雷管爆破，并且尽量采用低段毫秒雷管。

(2) 在药包上涂一层热容量(比热)较大的惰性物质(如硅胶)，或者用水或惰性物质做充填物，这样爆破时能吸收大量的热，避免爆破后温度急剧升高。

(3) 采用极限温度很低的炸药，如煤矿安全炸药。

(4) 加强通风和喷雾洒水，使矿尘稀释和增湿，减少爆炸危险性。

(5) 不采用反向起爆。反向起爆容易造成爆炸压力波及火焰集中现象，并经炮孔口喷出而引爆硫化矿尘。一些试验表明，在装药量较少时采用反向起爆就会引起瓦斯爆炸。但是，在相同条件下采用正向起爆，即使装药量大得多(多几倍)，也不会引起瓦斯爆炸。有的国家煤矿安全规程明确规定，有瓦斯、煤尘爆炸危险的工作面不准采用反向起爆。我国煤炭部也有过类似规定。

(6) 加强炮孔堵塞工作。试验资料表明，堵炮泥引爆矿尘的装药量,远比不堵炮泥引爆矿尘的装药量多得多。不堵、少堵或用炸药包装纸充当炮泥堵塞炮孔是十分危险的。在有硫化矿尘爆炸危险的地方应禁止采用不充填爆破。

(7) 尽量采用深孔爆破,不用浅眼和覆土爆破。

第三节 拆除爆破

拆除爆破是以拆除工程为目的控制爆破,主要用于下面几个方面:

(1) 大型块体的切割解体,如厂房内的设备基础,各种建、构筑物的基础以及桥梁台墩、码头船坞、桩基、孤石等的拆除。

(2) 钢筋混凝土框架结构的拆除。

(3) 高大建、构筑物的拆除爆破,如楼房、烟囱、水塔等的拆除。

(4) 地坪拆除爆破,如用爆破拆除混凝土路面、地坪、飞机场跑道等。

拆除爆破有下面几个特点:

(1) 爆破对象和材质多种多样。采用控制爆破拆除的各种类型建筑物与构建筑物的种类十分繁多,如楼房、烟囱、水塔、大型框架、厂房、机车库、贮水池、水罐、碉堡、人防工事、桥梁墩台、梁、拱、路面、地坪以及各种建筑物基础和设备基础等等。从爆破的材质看,有各种强度的混凝土、钢筋混凝土、浆砌片石和料石、砖砌体、三合土以及各种岩石等。

(2) 爆破区(点)的周围环境复杂。拆除爆破的工点大都位于城区、厂矿区或居民区,环境复杂,爆破时必须确保周围建筑物和设施以及人员的安全。有时爆破作业在厂房和车间内进行,有时在机械设备附近,有时在交通要道附近或人口稠密的居民区内。因此对爆破的安全度要求很高。

(3) 起爆技术比常规爆破要复杂得多。采用控制爆破拆除建筑物时,有时需要一次起爆成千上万个药包,起爆的药包数量之多在一般常规爆破中是罕见的,特别是拆除高层建筑物时,为了控制倒塌方向和坍塌范围,不仅要起爆数量众多的群药包,而且对于各层结构的先后起爆顺序和间隔时差还必须结合建筑物失稳的力学要求精心设计。所有这些都比常规爆破的起爆技术要复杂得多。

由于这些特点,对拆除爆破也提出了一些严格的要求:

(1) 严格控制爆破的破碎程度。对于大多数爆破体,通常要求爆后"碎而不抛"或"碎而不散",有时甚至要求"宁裂勿飞"。

(2) 严格控制爆破的破坏范围。要求只破坏需要拆除的部分,同时对保留部分要做到完整无损。

(3) 严格控制建筑物爆后的倒塌方向和影响范围。对于高大建筑物和结构物,要求爆后倒向指定方位或坍塌在预定范围之内,在坍(倒)塌过程中不得危及附近建筑物或管、线网路的安全。在铁路或公路边进行爆破时,不得危及行车安全或中断行车。

(4) 严格控制爆破的危害作用。通过精心设计、施工和加强防护等技术措施,将爆破地震波、空气冲击波、噪音和飞石等的危害作用严格地控制在允许范围之内,确保爆破点周围人和物的安全。

拆除爆破条件复杂,要求严格,应在下列基本原理指导下进行设计和实施。

1. 最小抵抗线原理

由于从药包中心到自由面的距离沿最小抵抗线方向最小,因此,受介质的阻力最小;又由于在最小抵抗线方向上,冲击波(或应力波)运行的路程最短,所以在此方向上波的能量损失最小,因而在自由面处最小抵抗线出口点的介质首先突起。我们将爆破时介质抛掷的主导方向是最小抵抗线方向这一原理,称为最小抵抗线的原理。

最小抵抗线方向不仅决定着介质的抛掷方向,而且对爆破飞石、振动以及介质的破碎程度等也有一定的影响。此外,最小抵抗线的大小,还决定装药量的多少和布药间距的大小,并对炮眼深度和装药结构等有一定的影响。

2. 分散装药的微分原理

将欲要拆除的某一建(构)筑物爆破所需的总装药量,分散地装入许多个炮眼中,形成多点分散的布药形式,以便采取分段延时起爆,使炸药能量释放的时间分开,从而达到减少爆破危害、破坏范围小、爆破效果好的目的,这就是分散装药的微分原理。"多打眼、少装药"是对拆除控制爆破中微分原理的形象而通俗的说法。

3. 药量适当的等能原理

爆破主要能源是炸药。显然,如果炸药用量适当,辅以合理的装药结构和起爆方式等,就可以防止或减轻爆破危害,从而达到拆除控制爆破的目的。对此,人们便提出了等能原理的设想,即根据爆破的对象、条件和要求,优选各种爆破参数——孔径、孔深、孔距、排距和炸药单耗等,同时选用合适的炸药品种、合理的装药结构和起爆方式,以期使每个炮孔所装的炸药在其爆炸时所释出的能量与破碎该孔周围介质所需要的最低能量相等。也就是说,在这种情况下介质只产生一定的裂缝,或就地破碎松动,最多是就近抛掷,而无多余的能量造成爆破危害,这就是等能原理。

4. 失稳原理

在认真分析和研究建(构)筑物的受力状态、荷载分布和实际承载能力的基础上,利用控制爆破将承重结构的某些关键部位爆松,使之失去承载能力,同时破坏结构的刚度,则建(构)筑物在整体失去稳定性的情况下,并在其自重作用下原地坍塌或定向倾倒,这一原理称为失稳原理。

5. 缓冲原理

拆除控制爆破如能选择适宜的炸药品种和合理的装药结构,便可降低爆轰波峰值压力对介质的冲击作用,并可延长炮孔内压力的作用时间,从而使爆破能量得到合理的分配与利用,这一原理称为缓冲原理。

大量实践证明,如采用与介质阻抗相匹配的炸药,不偶合装药、分段装药、条形药包等装药结构形式,可达到上述目的。

一、爆破参数的选定

1. 炮孔布置在拆除爆破工程中,孔位主要根据被拆物体的特征、材质、形状、尺寸及清碴方法等因素来确定

当爆破拆除桥梁时,一般采用垂直炮孔。在受施工条件限制时,亦可采用水平炮孔。炮孔可沿梁的全长呈单排或双排均匀布置,局部切断时,炮孔呈梅花形布置,为使梁、柱爆后分离,梁柱接合部位的炮孔应适当加密。

当爆破立柱时,多用水平孔。需要局部破坏时,可在立柱的底部布置 3~5 个孔,并以同段起爆为好。

为爆破承重墙时,通常采用水平孔,且距地面 0.5m 以上布孔。外墙的炮孔可布置在窗与窗、门与门中间和墙底层四角的墙壁上,2~4 排交错布置。墙壁爆裂口的高度大于墙厚的 1.5 倍。

基础、桥墩、桥台和路面的爆破,一般用垂直孔。根据被爆物体积的大小,可选用单排或多排孔。多排孔可布置成方格形或梅花形。

如果要求部分拆除,部分保留,而且爆裂面(切割面)要求平整则各炮也应相互平行,垂直孔的孔底或水平孔的中心线应在同一水平面上。必要时,在爆裂面两端可增布 1~2 个导向孔。

对烟囱、水塔等高构筑物的拆除,可采用水平孔。要求定向倾倒时应在倾倒方向一侧设计爆裂口,布孔范围为其周长的 1/2~2/3;而需原地倒塌时,则沿全圆周均匀布孔。切口高度应大于壁厚的 1.5 倍. 布孔时可错开布置 3~5 排孔。内隔墙亦应布孔,并应保证有一定的炸高,以免对倾倒发生影响。

2. 爆破参数的选定

在拆除爆破中,正确地决定孔网参数是达到预期目的的重要环节。孔网的主要参数包括最小抵抗线 W、炮孔深度 L、孔距 a 与排距 b 等。

最小抵抗线 W　爆破碎块飞散的主导方向是最小抵抗线的方向,因此,抵抗线的方向和大小,将决定着爆破碎块的主要飞散方向和爆破破裂范围,同时也决定药量及钻孔工作量的大小。在城市或厂矿企业拆除旧建筑物的爆破中,一般选用的 W 值均在 1m 以下。

当爆破小截面梁、柱或墙时,最小抵抗线 W:

$$W = 1/2B \quad (\text{m}) \tag{5-6}$$

式中:B——梁、柱爆破断面中最小的边长或墙厚,m。

实践经验表明,B 小于 30cm,即 W 小于 15cm 时,这种薄壁结构或梁柱的爆破飞石是不易控制的,应考虑其他施工方法进行破碎,或两侧临空面填土后进行爆破。若薄壁结构为拱形或圆筒形,当炮孔方向平行于弧面的情况下,药包指向外侧的最小抵抗线 W_2 和指向内侧(或圆心)的最小抵抗线 W_1 应为:

$$W_2 = (0.65 \sim 0.68)B \tag{5-7}$$

$$W_1 = (0.32 \sim 0.35)B \tag{5-8}$$

当爆破大块的混凝土类的结构物和采用人工清碴时,最小抵抗线一般按下列范围选取:

砂浆砌块石　　　$W = 0.5 \sim 0.75$m

混凝土　　　　　$W = 0.4 \sim 0.6$m

钢筋混凝土　　　$W = 0.3 \sim 0.5$m

当爆破后采用机械清碴时,W 还可选用较大值,通常根据机械吊装和运载能力对块度的大小或重量的要求来确定 W 值。原则上应该是在满足施工要求与安全的条件下,尽可能地选用较大的 W 值。

炮孔直径 d 和炮孔深度 L　目前在拆除旧建筑物的控制爆破中,大多采用炮孔直径为 38~44mm 的浅孔爆破。

合理的炮孔深度可避免出现冲炮和座炮,使炸药能量得到充分利用,保证良好的爆破效果。在一般情况下,设计时应尽可能避免炮孔方向与药包最小抵抗线方向重合,且应使炮孔深度 L 大于最小抵抗线 W,确保炮孔装药后有足够的堵塞长度。实践表明,炮孔愈深,钻爆效果愈好,不但可以缩短每米的平均钻孔时间,而且可以提高炮孔利用率和增加爆落方量,从而加快施工进度和节省费用。因此,只要条件允许,就应尽可能采用深孔。在采用群药包的拆除爆破时,为便于钻孔、装药及堵塞操作顺序进行,深孔 L 值最大不宜超过 2m。

当爆破体底部有临空面时:
$$L=(0.55\sim 0.65)B \qquad (5-9)$$
无临空面时: $\qquad L=(0.7\sim 0.8)B \qquad (5-10)$
式中:B——爆破体的厚度或宽度,m。

孔底留下的厚度应等于或略小于侧向抵抗线。

炮孔间距 a 和排距 b 通常完成一定的拆除工程任务,是通过较为密集的布孔和多药包爆破的共同作用来实现的。而在拆除爆破中,一般药包位置也就是炮孔的位置。孔间距 a 和排距 b 选择是否合理,对爆破安全、爆破效果和炸药能量利用率均有直接影响。

对要求切割出整齐轮廓线的光面切割爆破,炮孔间距按下式选取:
$$a=(0.5\sim 0.8)W \qquad (5-11)$$

在其他情况下,一般均应取 a 值大于 W 值。在满足施工要求和爆破安全的条件下,力求选用较大的 a 值。因为 a 值越大,钻孔工作量越小,可加快工程进度,亦可按表 5-3 选取。排距 b 根据起爆方式确定:

一次起爆时 $\qquad b=(0.6\sim 0.9)a \qquad (5-12)$

逐排分段起爆时 $\qquad b=(1.0\sim 1.2)a \qquad (5-13)$

表 5-3 a 与 W 的关系

爆破对象	炮孔间距 a	备 注
混凝土圬工	$(1.0\sim 1.3)W$	W 为最小抵抗线
钢筋混凝土结构	$(1.0\sim 1.5)W$	同上
浆砌片石结构	$(1.0\sim 1.5)W$	同上
浆砌砖墙	$(1.0\sim 2.0)W$	W 为墙厚的 $\frac{1}{2}$
混凝土薄地坪切割	$(1.0\sim 3.5)W$	W 等于孔深
龟裂切割爆破	$(8.0\sim 15)W$	d 为炮孔直径

装药量的确定　单孔装药量一般根据能量守恒原理,用下式计算:

$$q = KLab \tag{5-14}$$

式中:q——单孔装药量,kg;

K——炸药单耗,kg/m³;

b——排距,m;

a——间距,m;

L——孔深,m。

表 5-4　材质与 K 的关系

材　　质	K(kg/m³)
混凝土	0.15～0.35
钢筋混凝土	0.20～0.80
砖	0.15～0.35
岩石	0.15～0.50

(5-14)式计算的 q 是指两个自由面的药量,随着自由面个数的增减,q 值应有所改变,其值如下:

自由面数目　　　1　　　2　　　3　　　4　　　5

自由面系数 K_n 1.0～1.2　1　0.85～0.95　0.75～0.9　0.7～0.85

对厚壁结构,公式(5-14)计算结果偏小,可适当加大。

确定了单孔装药量后,还必须根据距离最近的被保护物允许的最大震动速度值,计算最大一段炸药量允许值。

$$Q = R^3(V/k)^{3/a} \tag{5-15}$$

式中:Q——最大一段允许药量,kg;

R——由爆源中心到最近的被保护物间距离,m;

V——被保护物允许的质点震速,cm/s;

k——与介质相关的系数,土壤可取 150～200,软岩可取 120～180,中硬岩可取 80～120,坚硬岩可取 30～80;

a——衰减系数,一般取 1.5。

二、拆除爆破的施工与防护

1. 拆除爆破的施工程序和要求

拆除爆破的施工程序和要求,与一般爆破并无太大差别。但由于对爆破质量要求比较高,药包的最小抵抗线又较小,每个炮孔的装药量通常只有十克到几十克,所以在炮孔布置、炮孔钻凿、装药堵塞和网路敷设等方面都要精心操作,切实符合设计要求。

拆除爆破时,由于炮孔的数量大,药包种类多,所以对炮孔要进行编号,对号装药,绝不允许发生错装的情况,当要求防潮时,还应在药包外套以塑料防水套加以包扎。

装药前,应仔细检查炮孔,清除孔内积水和杂物。装药时,需要用木棍将药包推送至炮孔内的设计位置,要防止雷管从药包中脱落,也要防止雷管脚线掉入孔内。

药包安放后应立即进行堵塞,堵塞材料要选用带有一定水分(含水量为 15%~20%)的砂、土混合物。在堵塞长度大于 80cm 时,也可用干砂堵塞,这不仅操作简便,在发生拒爆时也易于处理。

孔口部分的堵塞,要用木棍分层堵塞捣实,每层堵塞物不宜超过 10cm,以防止出现"空段"。在堵塞过程中,应注意保护好雷管脚线、导爆管、导爆索,防止产生盲炮。

为提高堵塞水平炮孔的工效,可事先将堵塞物装在直径为比炮孔小 10mm、长 20cm 的软纸筒内,然后一筒筒地填入炮孔内进行捣实。

为了防止产生盲炮,在施工中一定要严格检查雷管质量。采用电起爆法时,线路接头要牢固,防止"假接",并用绝缘胶布包好,防止电爆线路刺穿胶布接触地面,造成起爆电源漏电而引起拒爆。采用导爆管网路,导爆管联接处不得进去杂质和水;使用卡口接头联接时,卡口接头要卡牢,防止联接过程中因网路扯动而脱落。但卡接时不得损伤导爆管或将导爆管夹扁,以防传爆中断。拆除爆破的孔与孔之间一般不得使用导爆索联接,因为导爆索传爆时不仅噪声很大,而且产生强烈的空气冲击波。

2. 拆除爆破防护的种类

在拆除爆破施工中,防护是必要环节,它不仅可以制止个别飞石造成危害,还可以起到降低噪声的作用。防护可以分为三种:

(1) 覆盖防护:是直接覆盖在爆破体上的防护。用作覆盖的材料有:草袋(内装有少量的砂土)、草帘、用废旧胶带或胶管编制成的胶帘、荆笆和铁丝网等。草袋、胶帘和铁丝网在覆盖时,要用细铁丝连接成一体,以增强防护效果。防护的重点是可能产生飞石的薄弱面以及面向居民区、重要设施和交通要道方向。进行覆盖时要特别注意保护爆破网络,不得损坏。

(2) 近体防护:即在爆破体附近设置的防护,亦称间接防护。它能防止从覆盖防护中飞出的碎物继续飞扬,近体防护一般采用荆笆、铁丝网或尼龙布做成的围档和排架。它必须具有一定高度,其高度视具体环境条件而定。

(3) 保护性防护:当在爆破危险区内有重要的机械设备和重要设施时,要用草帘、草袋、铁丝网、荆笆、木板、方木和竹板等进行遮挡或覆盖。

3. 拆除爆破施工注意事项

拆除爆破施工中必须注意以下几点事项:

(1) 拆除爆破前,必须对爆破对象进行认真观察和分析,详尽地了解结构特征及材质等情况,必要时还应测试强度等。对爆区周围环境要详细调查。根据爆破对象、环境条件和爆破要求等,做出切实可行的控爆拆除施工设计。

(2) 在爆破参数选取中,对单孔装药量和最小抵抗线等的确定,必须持慎重态度。尤其是遇到材质不明或重要拆除工程时,必须事先通过局部试爆,而后再调查和确定孔网参数及装药量等。复杂的起爆网路可进行 $1:1/2$ 或 $1:1$ 的试爆。

(3) 采用定向倾倒法拆除烟囱、水塔等筒体构筑物时,如遇风速较大,为确保设计倒向,可在预定的倾倒方向拉紧钢丝绳或顺延爆破日期。烟囱内壁所积的煤粉粉尘应清除至爆破部位以外半米处，以防煤粉爆炸干扰倾倒方向。

(4) 框架结构要求向一侧倾倒时，必须将图 5-1 中划斜线部分充分爆碎，混凝土基本脱落，使立柱失去承载能力，并有足够的破坏高度 $h_1 h_2$，形成结构的倾覆力矩。同时，应注意使非倾倒方向的立柱底部疏松破碎，形成铰链，以免影响倾倒方向。

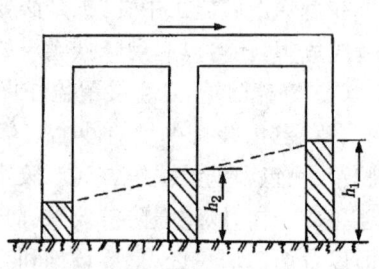

图 5-1 框架立柱破坏部位示意图

对于多层建筑的拆除爆破，为缩小塌落范围，可采用折叠倾倒方式，此时应注意各层的破坏部位、破坏高度和控制好延迟起爆时间。

(5) 整体建筑物的一部分拆除时，在保留部分与拆除部分之间，爆前必须彻底隔断。对建筑物进行分期爆破解体时，必须采取相应措施防止局部拆除而导致整体失稳。各类建、构筑物爆后塌落时的着地震动，如对周围建筑物或设备有危害，必须采取相应防震、保护措施。

(6) 拆除建、构筑物时，还应注意保护地下设施，如油、水管、通讯电缆等。

(7) 建、构筑物的拆除爆破，必须在其倒塌稳定后，才允许到现场进行安全检查，确认无错后，施工人员方可进入现场作业。

三、水压拆除爆破

1. 水压拆除爆破的概念

水压拆除爆破是将容器状的砖、彻石、混凝土、钢筋混凝土等结构物中注满水，起爆悬挂在水中一定位置的药包，利用药包爆炸的水压来破碎结构物周壁材料的一种爆破技术。

众所周知,水是难以压缩的流体,当外界压力增至 100MPa 时,水的密度仅增加 5%左右。与药包在空气中爆炸相比,由于水的密度大,可压缩性小,故炸药在水中爆炸时,水本身消耗的变形能量极少,爆炸能量传递效率高。实测得知,在爆炸瞬间,水中冲击波的波峰压力很高,可达数万兆帕,虽然冲击波初始压力随着传播距离增加而迅速衰减,但到达结构物周壁的冲击波压力仍在 100MPa 以上。紧接着冲击波压力之后,周壁还受到来自高压气团膨胀而产生的水压作用。对不同类型的容器式结构物在合适的装药量前提下,要既能使结构物周壁破裂,又能更有效地控制飞石、震动和噪音的危害作用。

水压拆除爆破大致可分为开口式和闭口式两类,前者爆破时水柱上冲高度大,周壁破碎效果较差,后者的水柱上冲高度小,周壁破碎效果好,碎块飞散也可控制在较小的范围以内。

水压爆破与通常用的钻眼爆破法相比,它具有以下优点:

(1) 药包个数少,且不需要钻孔,施工简便、迅速,费用低;

(2) 爆破能量利用率高,破碎效果好;

(3) 爆破后产生的震动小,噪声低,飞石的距离近,故安全性较好;

(4) 能显著降低爆破产生的有害气体和粉尘浓度。

但是,水压爆破时,对药包和起爆器材的防水要求高;容积大的结构物注水时间较长,有孔洞或门窗时,需要做密封工作等。

2. 药量计算

装药量计算公式很多。下面仅介绍两个简单常用的公式:

(1) 考虑结构尺寸的经验公式:

$$Q = K_B K_c \delta B^2 \text{(kg)}$$

式中:δ——结构物的壁厚,m;

B——结构物的内径或短边长,m;

K_B——与拆除爆破方式和结构物特征有关的系数,封闭式爆破 $K_B=0.7\sim1.0$;开口式爆破 $K_B=0.9\sim1.2$;

K_c——材质系数,混凝土 $K_c=0.1\sim0.4$,钢筋混凝土 $K_c=0.5\sim1.0$。

上式适用的条件是使用 2 号岩石硝铵炸药,$\delta<B/2$,$B\geqslant 1\mathrm{m}$,如果结构物为矩形,可按长宽比乘以 $0.85\sim1.0$ 的结构调整系数。

(2) 考虑结构物断面积的经验公式:

$$Q=K_cK_eS$$

式中:Q——装药量,kg;

K_c——材质系数,混凝土 $K_c=0.2\sim0.25$;钢筋混凝土 $K_c=0.3\sim0.35$;砖石砌体 $K_c=0.18\sim0.24$;

K_e——炸药折算系数,黑梯炸药 $K_e=1.0$,2 号岩石硝铵炸药 $K_e=1.10$,铵油炸药 $K_e=1.15$;

S——通过药包中心水平面的周壁断面积,m^2。

3. 水压爆破的施工

(1) 药包位置:如果结构物形状是规整的方形、圆形和筒形,而又采用单个药包爆破时,可以在结构物的横断面的几何中心布置药包。如结构物是矩形或条形时,根据结构的尺寸和材料的强度,沿结构物的轴线等距离布置两个或两个以上的药包;当结构物的高度与直径(或短边长度)之比超过 $1.4\sim1.6$ 时,可沿垂直方向布置多层药包;若容器壁的结构和材质不一样,那么药包布置在靠近承受力的那边;当拆除被爆物需要定向倾倒时,药包应安置在倾倒一边,使倾倒方向一面的破坏程度远远大于相对的另一面,必要时还应采取一定的保护措施(如用空气隔离),使对面不受破坏。这对于爆破拆除烟囱、水塔及其他高大建筑物,是很有意义的。

(2) 药包的入水深度:进行水压拆除爆破,特别是开口式爆破时,药包爆炸所产生的高压气团浮出水面之际,突然急速冲入大气层,形成一股上冲的水柱。药包入水深度 h 愈小,上冲的水柱愈高,这不仅使爆炸能量损失很大,影响爆破效果,而且声响大。上冲的水柱还有造成高压线路短路之类的危险。一般药包入水深度 h 可按下式计算:

$$h = (0.6 \sim 0.7)H_S \tag{5-18}$$

式中：H_S——注水深度，m。

一般要求注水应注满或不低于结构物净高度的 0.9 倍。

当计算值小于 40cm 时，h 取 40cm 或加覆盖，使其近似于密闭式爆破。

(3) 构筑物开口的封闭处理：一些构筑物（如碉堡、钢筋混凝土板式楼房）采用水压爆破拆除时，必须认真做好开口（如出入口、射击口、门窗等）的封闭处理。除局部因施工需要在装完药后处理外，一般封闭处理均应尽可能提前完成，做到不渗水和有足够的强度。

封闭处理的方法很多，可采用钢板和钢筋锚固在构筑物壁面，并用橡皮作垫层以防漏水；也可以用砖石和水泥砂浆砌筑、混凝土浇灌或用木板夹填粘土夯实。不管采用什么方法，封闭处理的部位仍然是结构的薄弱环节，还应采取必要的防护。实践经验表明，在封闭部位用装土的草袋加以堆码，并使其厚度不小于构筑物壁厚，堆码面积不小于开口面积，这对于爆破安全和效果都是有益的。

(4) 对结构非拆除部分的保护：对不拆除，但与爆破体有连接的结构，应事先将其与爆破部分切断。

对同一容器状构筑物（如管道）的非拆除部分，可采取填砂、与爆破段的交界处预裂或预先加金属箍圈等方法予以保护。

(5) 爆破体底面基础的处理：当爆破体底面基础不要求清除，但允许有局部破坏时，可按一般设计原则布置药包即可；当底面基础不允许有破坏时，水中药包离底面的距离不得小于水深的三分之一，一般以 $(1/3 \sim 1/2)H_S$ 为宜，同时，在水底应敷设粗砂护层，厚度与药包大小及基础情况有关，一般不应小于 20cm。当爆破体底面基础要求与上部结构一起清除时，实践表明，由于底面基础没有临空面，仅靠水中药包是不能进行良好的破碎的，特别是当基础较厚或含钢筋时，效果更差，为此可先行对基础钻孔，基础炮孔药包与水压爆破药包同时起爆。其基础爆破可按常规钻孔控制设计，但药量可相应提高50%。不过要注意校核一次爆破震动安全距离,并作好钻孔爆破药包及起爆网路的防水处理。

(6)开挖出爆破体的临空面:水压爆破拆除的构筑物,一般要求其必须具备良好的临空面。因此,对某些情况(如地下工事)要将其四周的临空面开挖出来,否则将直接影响爆破效果,并使爆破地震效应加剧。在开挖出的临空面的侧沟内,不应充水。

(7)水压拆除爆破对外界安全的影响:水压拆除对外界安全可能造成的影响主要有飞石、震动以及对地下的挤压作用。为防止个别飞石,要认真校核药量,严格控制单位炸药消耗量,并且对爆破体进行必要的覆盖保护,或根据具体情况设置围挡防护。

实践表明,水压爆破的震动效应与相同药量的钻孔爆破相比,要剧烈些。为降低爆破震动及基础对周围的挤压影响,可在爆破体外侧开挖明沟,从而可以起到减震隔离作用。

第四节 其他特殊爆破

有一些爆破是在特定条件下和特定的环境下进行的。有的介质和对象特殊;有的环境特殊;有的爆破方法和药包结构特殊。这些爆破虽然离不开最基础的爆破理论和爆破设计计算准则,但是,毕竟在计算公式、参数、药包布置和施工工艺等方面和一般的爆破方法略有不同。下面简单介绍一些常遇到的特殊爆破。

一、金属爆破

废旧钢铁回收再生,是解决钢铁原料的来源之一。我国废旧金属资源非常丰富,而其中有相当一部分需要进行破碎后,才能重熔再生。废金属的破碎方法有:人工劈开破碎法、氧气切割破碎法和爆破破碎法。爆破破碎法是具有工效高、成本低、作业条件好的优点,值得推广。

爆破破碎金属与一般爆破工程爆破不同。金属密度大,波阻抗大,抗拉、抗压强度高,自由面多,因此,爆破只能用剪切原理、切割爆破的方法来解体。

金属的结构形状不一样,其爆破方法也有所不同。钢板用聚能穴药包切割爆破;钢管、钢索或圆钢用导爆索缠绕在圆周上切割爆破。大型块体的金属,用氧气枪和氧气烧成炮孔,待炮眼温度降至40℃后,装药充填爆破。装药量按下式计算:

$$Q=AF-0.12 \quad (5-19)$$

式中:Q——炸药量,kg;
  F——切割断面积,m^2;
  A——系数,kg/m^2,对于钢材 $A=2.5\sim 5kg/m^2$,对于铸铁 $A=2.1kg/m^2$。

炮眼的数量,视切割面的大小而定。

爆破破碎金属体应在爆炸场或专用的爆炸坑内进行。在爆破坑中破碎金属,个别飞散物对人员的安全距离不得小于150m,在空旷的爆炸场地上破碎金属,安全距离不得小于1500m,在距爆破地点100m外,应设操作人员的避炮所。如必须在车间、厂房内破碎解体金属部件时,应采用各种有效的覆盖防护措施。

二、炽热体的爆破

炽热体主要是指在冶炼过程中,残留在高炉、平炉或电炉中凝固炽热固态物体。它们的温度很高,达到几百度近千度,虽然停炉冷却,但在短时间内很难达到80℃以下,要用爆破的方法拆除这些高温物体,只能用特殊的方法进行爆破。

炸药和其他物质一样,在常温下也要进行分解作用,但分解速度很慢,不会形成爆炸。当温度升高到一定值时,热分解就能转化为爆炸。雷管110℃时就能发生爆炸,在这种高温物体中爆破只适合用导爆索起爆,而且整个爆破作业要在5min内完成,所以,药包、导爆索及其他起爆材料,都应用石棉布或其他防火材料(如亚硫酸氢镁等)等包裹起来,使其5min内它们的温度不超过80℃。

我国已有这种装置出售。

三、爆炸加工

以炸药作能源,利用其爆炸瞬间产生的高温高压对金属材料进行加工的爆破,称为爆炸加工。爆炸加工的范围很广,有以下几种:

1. 爆炸复合

利用炸药炸轰作为能源,在所选择的金属板或管材的表面包裹上不同性能的金属材料的工艺方法,称为爆炸复合。爆炸复合有两种形式,一是爆炸焊接,爆炸焊接两种金属结合部有一般熔化焊接的现象。二是爆炸压接,在结合的两组部件其金属组织没有互相掺入,仅仅是靠强有力的爆炸压力把两者压合。爆炸复合在电力部门等经常运用。

2. 爆炸成形

爆炸成形是利用炸药爆炸的冲击荷载,通过水或砂等介质传递来使各种金属板材形成一定形状的加工方法。它可以爆炸拉深、爆炸胀形、爆炸校形和平板件爆炸成形。

3. 爆炸硬化

炸药爆炸时,可产生高达数十万个大气压的压强,利用这种强大冲击波使金属表层硬化,而不显著改变整个工件尺寸的方法,叫爆炸硬化。铁道上的辙叉、挖掘机的斗齿及颚式矿碎机的牙板,用爆炸硬化效果很好。

四、深井爆破

在石油深井或普通深水井中,为了提高出油率或涌水量,往往采用爆破方法来实现。深井里温度和压力都很高,炸药包必须耐温,并装在耐压防水的密封容器内,这种装置有射孔弹和爆炸器两种。

在石油深井中,广泛采用具有聚能效应的射孔弹在井内对侧壁穿孔,以提高岩层渗油速度和出油率。

爆炸器(如图 5-2)放到井底或需要的部位爆炸,就可以扩大井眼并在地层中造成辐射状的裂缝,这样可以提高出油率和涌水量。

五、爆破夯实

水工建筑物的非岩质地基,可以利用水下爆破的方法进行夯实,以提高地基的承载能力和稳定性。试验表明,介质经爆破夯实后,容重增加,孔隙率减小,地基中细小颗粒的含量增多(见表 5-5)。爆炸夯实的深度,一般可达到 0.4~1.0m。夯实层内,总的相对沉陷量可达到 5%~8%。爆炸夯实主要是利用水传递爆炸荷载来压实介质,所以药包悬挂在土层上面一定高度处的水中爆炸夯实法的效果最好。图 5-3 是水中药包爆炸夯实示意图。即使采用水中爆炸夯实法,如果药包过大也会扰动压实层,达不到满意的压实效果。因此,一般采用小药量多次爆炸的方法夯实,对于碎石和砂砾层,一般需要爆炸 4~5 次,相对沉陷量才趋于稳定。

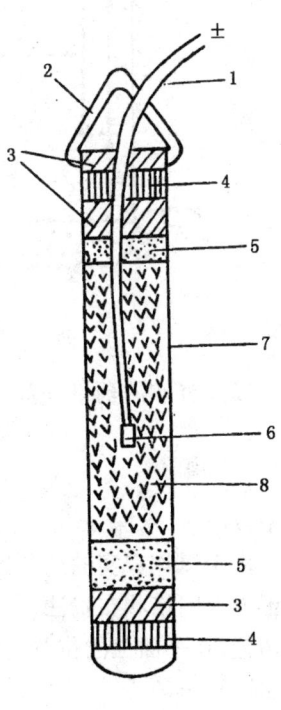

图 5-2 爆炸器结构示意图
1—导线;2—吊环;3—柏油;
4—木头塞;5—砂子;6—雷管;
7—金属筒;8—炸药

表 5-5 粘土的物理性质在爆炸夯实前后的变化

编号	土壤名称	容重(g/ml)			孔隙率(%)		
		爆前	爆后	容重增加百分比	爆前	爆后	孔隙率减少百分比
1	粘土	1.47	1.57	+6.8%	53.0	49.0	-7.5%
2	粘土	1.46	1.57	+7.5%		38.5	
3	粘土	1.54	1.66	+7.8%	45.7	41.2	-9.8%
4	粘土	1.30	1.41	+8.5%	51.2	40.8	-20.3%

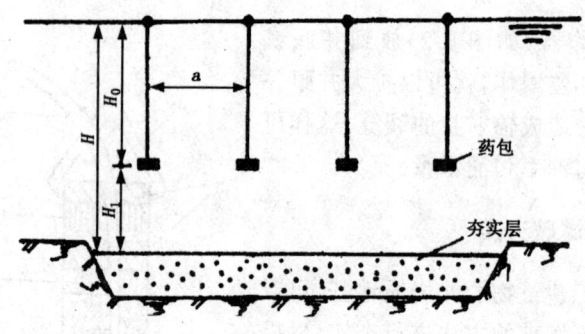

图 5-3 水中药包夯实示意图

爆炸夯实的药量计算见下式：

$$Q_{石}=(0.10\sim0.15)H^{2.3} \quad (5\sim20)$$

$$Q_{砂}=(0.07\sim0.11)H^{2.53} \quad (5\sim21)$$

式中：H——水深，m。

水中爆炸夯实的药包应悬吊在水中 H_0 处（见图 5-3），通常采用正方形网格状布置法。若需要进行多次重复爆破，每次夯实爆破的药包，在平面上的位置应作一些变动，以求得最大的夯实效果和均匀性。

$$H_0=(2.1\sim2.6)\sqrt[3]{Q} \quad (5-22)$$

式中：H_0——水面至药包中心距离，m。

第六章 爆破有害效应

爆破有害效应包括爆破地震波、冲击波(地面或地下;空气或水中)、个别飞石、毒气或噪音等。这些效应都随距爆源距离的增加而有规律地减弱,但由于各种效应所占炸药爆炸能量的比重不同,能量的衰减规律也不相同,同时不同的效应对保护对象的破坏作用不同,所以在规定安全距离时,应根据各种效应分别核定最小安全距离,然后取它们的最大值作为爆破的警戒范围。

第一节 爆破地震波

当炸药包在岩石中爆炸时,邻近药包周围的岩石遭受到冲击波和爆炸生成的高压气体的猛烈冲击而产生压碎圈和破坏圈的非弹性变化过程。当应力波通过破碎圈后,由于应力波的强度迅速衰减,它再也不能引起岩石破裂,而只能引起岩石质点产生扰动,这种扰动以地震波的形式往外传播,形成地动波。引起岩石震动的部分能量,占炸药爆炸时释放总能量的小部分,在岩石中约占 2%～6%,在土中约占 2%～3%,湿土中约占 5%～6%。

爆破产生的震动作用有可能引起土岩和建筑(构)物的破坏。为了衡量爆破震动的强度,目前国内外用震速作为判别标准。当被保护对象受到爆破震动作用而不产生任何破坏(抹灰掉落开裂等)的峰值震动速度称为安全震动速度。通常安全震动速度以被保护物临界破坏速度除以一定的安全系数来求得。

爆破引起的地震波速度通常采用下述的经验公式计算:

$$V = K(Q^{1/3}R)^a \tag{6-1}$$

式中:Q——炸药量,kg;齐发爆破取总药量,秒差爆破取最大一段的药量；

R——从爆源中心到被保护物的距离，m；

K、a——系数，通过试验确定，也可以参照类似的条件下爆破的实测数据来选取或参照爆破安全规程（表 6-1）选取。

目前,我国对各种建、构筑物所允许的安全震动速度规定如下：

(1) 土窑洞、土坯房、毛石房屋为 1.0cm/s；

(2) 一般砖房、大型砌块及预制构件房屋为 2～3cm/s；

(3) 钢筋混凝土框架房屋和修健良好的木房为 5.0cm/s；

(4) 水工隧洞为 10cm/s；

(5) 地下巷道：岩石不稳定但有良好的支护为 10cm/s；岩石中等稳定有良好的支护为 20cm/s；岩石坚硬稳定,无支护为 30cm/s。

表 6-1　爆区不同岩石的 K、a 值

岩　　石	K	a
坚硬岩石	50～150	1.3～1.5
中硬岩石	150～250	1.5～1.8
软岩石	250～350	1.8～2.0

为了减少爆破地震波对爆区周围建筑物的影响,可以采取下列措施：

(1) 采用分段起爆,严格限制最大一段的装药量。总药量相同时,分段越多,则爆破震动强度越小。

允许最大一段装药量按下式计算,其符号同式(6-1)：

$$Q=R^3(V_{安全}/K)^{3/a} \tag{6-2}$$

(2) 合理选取微差间隔时间和爆破参数,减少爆破夹制作用。

(3) 选用低爆速的炸药和不耦合装药。

(4) 采取预裂爆破技术,预裂缝有显著的降震作用。露天深孔

爆破时,防止超深过大。

(5)在被保护对象与爆源之间开挖防震沟是有效的隔震措施。单排或多排的密集空孔,其降震率可达20%~50%。

第二节 爆破冲击波

无约束的药包在无限的空气介质中爆炸时,在有限的空气中会迅速释放大量的能量,导致爆炸气体产物的压力和温度局部上升。高压气体在向四周迅速膨胀的同时,急剧压缩和冲击药包周围的空气,使被压缩的空气的压力急增,形成以超音速传播的空气冲击波。装填在药室、深孔和浅孔中的药包爆炸产生的高压气体通过岩石裂缝或孔口泄漏到大气中,也会产生冲击波。空气冲击波具有比自由空气更高的压力(超压),会造成爆区附近建、构筑物的破坏和人类器官的损伤或心理反应。

人员承受空气冲击波的允许超压不应当超过 0.01×10^5Pa。在不同超压下人员遭受损伤的程度如表6-2所示。

表6-2 人员损伤等级

损伤等级	损伤程度	超压(10^5Pa)
轻微	轻微挫伤	0.02~0.03
中微	听觉器官损伤、中等挫伤、骨折等	0.03~0.05
严重	内脏严重挫伤,可能引起死亡	0.05~0.1
极严重	大部分死亡	大于0.1

冲击波对建筑物的破坏等级如表6-3。

冲击波对人员及建、构筑物的损伤程度,按超压的大小来判别。超压按下式计算:

$$\Delta P = H(Q^{1/3}/R)^B \qquad (6-3)$$

式中:Q——装药量(炭爆破为总药量,秒差爆破为最大一段药量),kg;

R——自爆破中心到测定的距离,m。

表 6-3 空气冲击波对建筑物的破坏等级

	建筑物破坏程度	超压($\times 10^5$Pa)
1	砖木结构,完全破坏	大于 2.0
2	砖墙部分倒塌或开裂,土屋倒塌,土结构建筑物破坏	1.0~2.0
3	木结构梁柱倾斜,部分折断;砖木结构屋顶掀掉,墙面部分移动和开裂,土墙部分倒塌或开裂	0.5~1.0
4	木隔板墙破坏,屋顶面大部分掀掉,顶棚部分破坏	0.3~0.5
5	门窗破坏,玻璃破坏,屋顶面部分破坏	0.15~0.3
6	门窗破坏,玻璃破坏,屋顶面部分破坏,顶棚抹灰脱落	0.07~0.15
7	玻璃部分破坏,屋顶部分翻动,顶抹灰部分脱落	0.02~0.07

参数见表 6-4。

表 6-4 H、B 系数

爆 破 条 件	H		B	
	毫秒起爆	即发起爆	毫秒起爆	即发起爆
破炮孔爆破	1.43		1.55	
破碎大块时的炮眼装药		0.67		1.31
破碎大块时的裸露装药	10.7	1.35	1.81	1.18

空气冲击波随着距离的增加波强逐渐下降而变成噪声和亚声。噪声和亚声是空气冲击波的继续。超压低于 7×10^3Pa 为噪声和亚声。

爆破产生的噪声不同于一般噪声(连续噪声),它持续时间短,属于脉冲噪声。这种噪声对人体健康和建筑物都有影响,120dB 时,人就感到痛苦,150dB 时,一些窗户破裂。

在井下爆破时,除了空气冲击波以外,在它后面的气流也会造成人员的损伤。如当超压为 $0.03\sim0.04\times10^5Pa$，气流速度达 $60\sim80m/s$，更加加重了对人体的损伤。

在露天的台阶爆破中，空气冲击波容易衰减，波强较弱。它对建筑物的破坏主要表现在门窗上，对人的影响表现在听觉上。

在爆破设计和施工时，为了防止空气冲击波对周围建、构筑物的破坏，必须估算空气冲击波的安全距离，对药包在地面爆炸时，空气冲击波对人员的最小安全距离 R 可按下式求出：

$$R=KQ^{1/3} \tag{6-4}$$

式中：Q——炸药量，kg；

K——系数，有掩蔽体取 15；无掩蔽体取 30。

空气冲击波的危害范围受地形因素的影响，遇有不同地形条件可适当增减。如在狭谷地形进行爆破，沿沟的纵深或沟的出口方向，应增大 50%～100%；在山坡一侧进行爆破对山后影响较小，在有利的地形条件下，可减少 30%～70%。为了预防空气冲击波的破坏作用，可采取以下措施：

（1）保证合理的填塞长度、填塞质量和采取反向起爆。

（2）大力推广导爆管，用导爆管起爆来取代导爆索起爆。

（3）合理确定爆破参数，合理选择微差起爆方案和微差间隔时间，以消除冲天炮，减少大块率，进而减少因采用裸露药包破碎大块时，产生冲击波破坏作用。

（4）在井下进行大规模爆破时，为了削弱空气冲击波的强度，在它流经的巷道中，应使用各种材料（如砂袋或充水等）堆砌成阻波墙或阻波堤。

第三节 爆破飞石

爆破飞石产生的原因是炸药爆炸的能量一部分用于破碎介质（岩石等），多余的能量以气体膨胀的形式强烈的喷入大气并推动前方的碎块岩石运动,从而产生飞石。

在爆破中,飞石发生在抵抗线或填塞长度太小的地方。由于钻孔时,定位不准确和钻杆倾角不当等都会使实际爆破参数比计算参数或大或小,若抵抗线偏小,则会产生飞石。

如果炮孔未按预定的顺序起爆或炮孔装药量过大,也会产生飞石。

此外地形、地质条件(山坡、节理、裂缝、软夹层、断层等)和气候条件等也与飞石的产生有关。

由于爆破条件十分复杂,目前个别飞石的安全距离 R_f 只能根据经验公式确定,如对一般抛掷爆破,个别飞石的安全距离计算公式为:

$$R_f = 10k_f n^2 W \tag{6-5}$$

式中:n——爆破作用指数;

W——最小抵抗线,m;

k_f——与地形、风向等有关的系数,一般可取 1.1~1.5。

对露天台阶深孔爆破可采用下面经验公式计算,飞石安全距离:

$$R_1 = 40/2.54d \tag{6-6}$$

式中:d——深孔直径,cm。

安全规程给出了各种爆破个别飞散物对人员的安全距离。见表 6-5。

表 6-5　爆破(抛掷爆破除外)时,个别飞散物对人员的安全距离

爆破类型和方法	个别飞石的最小安全距离(m)
一、露天土岩爆破	
1. 破碎大块岩矿	
裸露药包爆破法	400
浅眼爆破法	300
2. 浅眼爆破	200(复杂地质条件下或未形成台阶工作面时不小于 300)

表 6-6 爆破作业地点有毒气体允许浓度

有毒气体名称	最大允许浓度	
	按体积(%)	按重量(mm/m³)
CO	0.0024	30
氮氧化合物(换算为 NO_2)	0.00025	5
SO_2	0.0005	15
H_2S	0.00066	10
NH_3	1.00040	30

二、预防炮烟中毒措施

为了防止炮烟中毒,可采取下列措施:

(1)采用零氧平衡的炸药,使爆后不产生有毒气体;加强炸药的保管和检验工作,禁用过期变质的炸药。

(2)保证填塞质量和填塞长度,以免炸药发生不完全爆炸。

(3)爆破后,必须加强通风,按规定,井下爆破需等 15min 以上,露天爆破需等 5min 以上,炮烟浓度符合安全要求时,才允许人员进入工作面。

(4)露天爆破的起爆站及观测站不许设在下风方向,在爆区附近有井巷、涵洞和采空区时,爆破后炮烟浓度有可能窜入其中,积聚不散,故未经检查不准入内。

(5)井下装药工作面附近,不准使用电石灯、明火照明,井下炸药库内不准用电灯泡烤干炸药。

(6)要设有完备的急救措施,如井下设有反风装置等。

第七章 爆破安全管理及技术

第一节 爆破事故分类

事故是指人们在进行有目的活动的过程中,突然发生的违背人们意志的不幸事件。它的发生,可能迫使有目的的活动暂时地或永久地停止下来,其后果可能造成人员伤害,或财产损失,也可能两者同时出现。

爆破工作是一种具有一定危险性的特种行业,一旦发生事故,往往造成人员伤亡。按伤亡人数和严重程度,事故可分为五类:

(1) 轻伤事故。系指只有轻伤的事故。

(2) 重伤事故。系指有 1~2 人重伤而无死亡的事故。

(3) 死亡事故。系指一次死亡 1 人的事故。

(4) 伤亡重大事故。系指一次死亡 2 人或死亡 1 人,重伤 2 人以上的事故。

(5) 特别重大伤亡事故。系指一次死亡 10 人以上(含 10 人)或一次死亡虽不足 10 人,但死亡、重伤在 10 人以上的事故。

爆破事故的分类,原有的按起爆方法或爆破作业条件分,或有的按爆破方法分,一直没有统一的分类方法,极不便于管理和规范。按照爆破作业的整个过程,可从时间上划分爆破事故,即分为早爆事故、爆破时爆炸有害效应事故、迟后爆炸事故。这样既可以把各种起爆方法、爆破方法、爆破环境概括进去,又便于统一管理。

一、早爆事故

在预定的起爆时间之前发生的事件。往往是在正常作业条件下,人们没有任何思想防范的情况下发生的意外事故。在爆破作业的整个准备过程中(包括爆破器材加工、贮存、搬运、装填、连接检测)就发生的事故,是一种危害极大的爆破事故,往往会造成人员伤亡或特别重大伤亡。从国内外100多例爆破事故统计分析看,这类事故发生的次数约占57%,伤亡人数占90%。可见,防止早爆事故发生,是爆破人员的首要任务。

二、爆炸有害效应事故

炸药在岩石(或其他介质)中爆破时所释放的能量只有少部分用于破碎岩石,而大部分能量都消耗在产生的空气冲击波、地震波、飞石和噪音等有害效应等方面。在预定的爆破时所产生的有害效应造成的事故,称为爆炸有害效应事故。这类事故发生的次数约占29%,伤亡人数占7%~8%,只有正确合理地选择爆破安全距离,这类事故就可预防(详见第六章)。

三、迟后爆炸事故

在正常起爆之后,产生了拒爆(盲炮),在人们尚未处理或正在处理时发生的爆炸,称迟后爆炸事故。这类事故发生的次数约占14%,伤亡人数约占2%。

第二节 爆破安全管理

一、我国现行的爆破行政条例和技术法规

1. 民用爆炸物品管理条例

为了严格管理民用爆炸物品(各种爆破器材、烟火剂及烟花爆竹等),预防爆炸事故的发生,保障社会主义建设和人民生命财产的安全,1984年1月6日,国务院颁发了《中华人民共和国民用爆炸物品管理条例》,对民用爆炸物品的生产、销售、储存、

运输和使用作了严格规定，是各种爆破人员必须遵守的条例。

2. 爆破作业人员安全技术考核标准

中华人民共和国公共安全行业标准 GA—53—93 是对爆破工程技术人员、爆破员、爆破器材保管员、安全员和押运员进行培训考核的标准。

本标准对上述人员的培训方法、考核内容及尺度、考核组织、考核程序、发证和政件管理作了具体的规定。上述人员只有经过培训、考核合格后，持公安部或公安厅或公安局的相关证件，才能进行爆破作业。

3. 爆破安全规程

中华人民共和国国家标准 GB6722—86《爆破安全规程》，是除了军事爆破工程外，一切从事爆破工作的人员、单位及主管部门都必须遵守的规范，遵守本规定，是保障人民生命财产安全，促进生产发展，防止和减少爆破事故的保证。

4. 大爆破安全规程

本规程对硐室爆破或一次炸药用量较大的深孔爆破的设计、施工和爆破后的检查等安全技术问题作出了详细规定，是所有从事工程大爆破的人员、单位及其主管部门应遵循的规范。

5. 拆除爆破安全规程

本规程对地面、地下和水下建（构）筑物进行拆除控制爆破的设计、施工、承担资格、安全评估、爆后检查、隐患处理、审查程序及安全管理等作出了详细规定。所从事民用拆除爆破单位及其主管部门及人员必须遵守本规定。

6. 乡镇露天矿场爆破安全规程

本规程中的露天矿场是指乡（镇）村集体或个体（不包括国营露天矿山和乡镇露天煤矿）开办的露天矿场，对这些矿场的爆破设计、组织、施工和爆破器材运输、贮存与管理作出了规定。是乡镇露天的作业人员、业主及其管理部门应遵守的规范。

二、爆破安全管理

所有从事爆破工作的单位,必须设有爆破工作的领导人、爆破工程技术人员、爆破组(班)长、爆破员和爆破器材库主任。所有这些人员都必须经过培训,考核合格后,才能持证上岗。爆破工作领导人、爆破工程技术人员应由爆破工程师或技术人员担任。爆破器材库主任和爆破组(班)长、爆破安全员、爆破器材保管员和押运员,由爆破技术人员或经验丰富的爆破员担任。

分工明确,各尽其职,监督检查,是搞好爆破安全工作的主要管理手段。

1. 爆破工作领导人的职责:

(1) 主持制订爆破工程的全面工作计划,并负责实施;

(2) 组织爆破业务,爆破安全的培训工作和审查、考核爆破工作人员和爆破器材库管理人员;

(3) 监督本单位爆破工作人员执行安全规章制度,组织领导安全检查,确保工程质量;

(4) 组织领导重大爆破工程的设计、施工和总结工作;

(5) 主持制定重大或特殊爆破工程的安全操作细则及相应的管理条件;

(6) 参加本单位爆破事故的调查和处理。

2. 爆破工程技术人员的职责:

(1) 负责爆破工程的设计和总结,指导施工,检查质量;

(2) 制定爆破安全的技术措施,检查实施情况;

(3) 负责制定盲炮处理的技术措施,进行盲炮处理的技术指导。

3. 爆破组(班)长、爆破器材库主任、爆破器材保管员、爆破器材押运员和爆破安全员,均可由经验丰富的爆破员担任,因此爆破员应符合下列条件:

(1) 年满 18 周岁,从事过一年以上与爆破作业有关的工作;

(2) 工作认真负责;

(3) 具有初中以上文化程度;

(4) 体检合格;

(5) 按爆破员培训大纲的要求,进行过培训并考试合格;

(6) 取得《爆破员作业证》的新爆破员,应在有经验的爆破员指导下实习三个月后,方准独立进行爆破作业。

4. 爆破器材库主任的职责:

(1) 负责制定仓库管理细则;

(2) 督促检查爆破器材保管员的工作;

(3) 及时上报质量可疑及过期的爆破器材;

(4) 组织或参加爆破器材的销毁工作;

(5) 督促检查库区的安全情况、消防设施和防雷装置,发现问题,及时处理。

5. 爆破组(班)长的职责:

(1) 领导爆破员进行爆破工作;

(2) 监督爆破员切实遵守爆破安全细则和爆破器材的保管、使用、搬运制度;

(3) 有权制止无《爆破员作业证》的人员进行爆破工作;

(4) 检查爆破器材的现场使用情况及剩余爆破器材的及时退库情况。

6. 爆破员的职责:

(1) 保管所领取的爆破器材,不得遗失或转交他人,不准擅自销毁和挪作他用;

(2) 按照爆破指令单和爆破设计规定进行爆破作业;

(3) 严格遵守爆破安全规程和安全操作细则;

(4) 爆破后检查工作面,发现盲炮和其他不安全因素应及时上报或处理;

(5) 爆破结束后,将剩余的爆破器材如数及时交回爆破器材库。

7. 爆破器材保管员的职责：

保管员负责验收、发放、统计和保管爆破器材，对无《爆破员作业证》的人员有权拒绝发给爆破器材。

没有爆破器材检验员时，还应承担爆破器材的检验工作。

8. 爆破器材押运员的职责：

(1) 确保所押运的爆破器材的品种、数量无误；

(2) 监督运输车辆按照公安机关指定的日期、路线、行车速度行驶；

(3) 监督装载的爆炸物应不超高、不超载，而且牢稳盖严；

(4) 看管好爆炸物品，严防途中丢失、被盗或发生其他事故；

(5) 货物运到目的地后，交监督收货单位在《爆炸物品运输证》上签注物品到达情况，并将运输证交回原发证公安机关。

9. 爆破安全员的职责：

(1) 在库主任领导下，协助贯彻执行有关安全生产的规章制度，并接受上级安全部门的业务指导；

(2) 负责组织对新职工进入仓库和复工人员的安全教育和考试，定期对职工进行安全生产宣传教育，做好每年的普测、考核、登记和上报工作；

(3) 协助领导开展定期的职业安全、卫生自查和专业检查，对查出的问题进行登记、上报，并督促按期解决；

(4) 负责组织安全例会、安全日活动，开展安全竞赛及总结先进经验等；

(5) 协助领导制定仓库安全管理细则、岗位安全操作细则、安全确认制和临时性危险作业的安全措施等；

(6) 经常检查职工对安全生产规章制度的执行情况，制止违章作业和违章指挥，对危及人身安全的重大隐患，有权停止生产，并立即上报领导；

(7) 参加伤亡事故调查、分析、处理，提出防范措施，负责伤亡事故和违章违制的统计上报；

（8）根据上级规定，督促检查个体防护用品、保健用品、清凉饮料的正确饮用。

第三节　早爆原因及预防

爆破器材在加工、贮存、搬运、装填过程中，由于多方面的原因，往往会造成这样那样的意外事故，直接危及作业人员的人身安全。

一、爆破器材加工中的早爆及预防

火攻品是由专门的工厂生产，但是有些保管期较短的炸药（如浆状炸药）、硝铵类炸药结块或含水量超过 1.5％时，将其烘干和粉碎后用于露天爆破。这些加工都必须在专设的工房内进行，加工过程中，都离不开热能和机械能，如何防止这些能源造成炸药的燃烧或爆炸，是十分重要的。

炸药在常温下会发生缓慢的分解并放出热量，由于放出的热量比因热传导而向四周散失的热量小，因此放出的热量不会积聚。随着温度的升高，炸药热分解加速，放出的热量大于热传导散失的热量，炸药就会燃烧或爆炸。类似这类事故时有发生。例如某矿炸药加工厂，将轮碾机加工好的铵油炸药（加工温度在 60～90℃之间），堆放在沥青地面上，半夜这堆炸药分解燃烧，将厂房烧毁。又如某钢铁公司的炸药加工厂，加工中的炸药粉，散落在片状暖气片上，没有经常清扫而引起火灾，烧毁了数台轮碾机及厂房，造成了重大经济损失。

炸药加工中局部热能积聚，某点达到炸药的爆发点，就会发生爆炸。有两个乳化炸药加工厂，就因为这个原因，加工中的乳化罐发生爆炸，造成重大伤亡事故。

预防炸药加工中的早爆，除了严禁一切明火外，所有传动机械都不得产生冲击和摩擦;严格控制加工温度;炸药加工后要经过冷却到常温下才能包装存放;加工房应当班清扫,任何部位不得留有残药。

二、爆破器材贮存中的早爆及预防

爆破器材的保管,主要是指使用单位的爆破器材库的保管,不包括生产厂家的库房保管。

爆破器材属于易燃易爆危险品,根据《中华人民共和国民用爆炸物品管理条例》和《爆破安全规程》,只能在专用库房内保管(短期临时性存放例外)。其目的是:

第一,加强爆破器材的管理,防止丢失流散到社会上被坏人用来进行破坏活动,扰乱社会治安。我国曾经发生过类似事故,例如湖南西部一公共汽车上就发生过一次重大的爆炸事故。又如1987年10月,福州闹市区一辆客车被炸,造成极坏的影响。因此加强爆破器材的管理是十分重要的工作。

第二,使爆破器材在有效保管期内不发生变质、自燃、自爆。

第三,万一发生爆炸时,使影响范围最小,损失最低。因此库房的建设、地点的选择都要按照国家的有关规定进行。

使用单位的爆破器材库有永久性库房(使用年限三年以上)、临时性库房(使用不足三年)和临时发放站(为某工程临时使用)。在这些库房中贮存爆破器材,可从几个方面防止早爆事故的发生:

1. 不可相容物质的存放

在库房内贮存两种以上爆破器材时,应符合表7-1的规定。与爆破器材无关的杂物不得共同存放。如果把雷管与炸药存放在一起,是早爆的最大危害,往往造成重大伤亡事故。例如某矿在井下临时库房内将炸药与雷管存放在一起,灯泡引起火灾而转为库房爆炸,造成数十人的特别重大伤亡事故。又如某露天大爆破的临时存放站,将雷管和炸药存放在仅有一道芦席墙相隔的棚子内,结果火灾引起爆炸,将救火的27人炸死。

表 7-1　爆破器材同库存放的规定

爆破器材名称	雷管类	黑火药	导火索	硝铵类炸药	属 A_1 级单质炸药类	属 A_2 级单质炸药类	射孔弹类	导爆索类
雷管类	O	×	×	×	×	×	×	×
黑火药	×	O	×	×	×	×	×	×
导火索	×	×	O	O	O	O	O	O
硝铵类炸药	×	×	O	O	O	O	O	O
属 A_1 级单质炸药类	×	×	O	O	O	O	O	O
属 A_2 级单质炸药类	×	×	O	O	O	O	O	O
射孔弹类	×	×	O	O	O	O	O	O
导爆索类	×	×	O	O	O	O	O	O

注：1. O 表示可同库存放，× 表示不得同库存放。

2. 雷管类包括火雷管、电雷管、导爆管雷管。

3. 属 A_1 级单质炸药类为黑索金、太安、奥克托金和以上述单质炸药为主要成分的混合炸药柱（块）。

4. 属 A_2 级单质炸药类为梯恩梯和苦味酸及以梯恩梯为主要成分的混合炸药或炸药柱（块）。

5. 导爆索类包括各种导爆索和以导爆索为主要成分的产品，包括继爆管和爆裂管。

6. 硝铵类炸药，包括以硝酸铵为主要成分的各种民用炸药。

除了炸药与雷管不能共存放外，很多物质也是不能混合在一起的，混合在一起后会出现危险状态，见表 7-2。例如某地仓库大爆炸，就是因为硫酸铵与硫化钠作用起火引燃火柴，而后引燃硝酸铵而转为大爆炸。

防止不符合共存物质的混存，是消除库房早爆的重要措施。

2. 保持库房温度不超过常温

工业炸药（除甘油炸药外），它们的特点是在常温下分解缓慢，放出的热量远比因热传导而向四周散失的热量小，随着库房温度的提高，热量不易散失，炸药分解的热量容量积聚，反过来促使炸药分解加快，继而燃烧或爆炸。例如南方某矿炸药库，在炎热的 7

月份，库房没有及时通风，结果引起炸药燃烧，将库房内的14t炸药及库房烧毁。

表7-2 一些物质混合在一起出现的危险状态

物质A	物质B	可能出现的危险
氧化剂	可燃剂	生成爆炸性混合物
氯酸盐	酸	混合发火
亚氯酸盐	酸	混合发火
次氯酸盐	酸	混合发火
铬酸酐	可燃物	混合发火
高锰酸钾	浓硫酸	爆炸
四氯化碳	碱金属	爆炸
硝基化合物	碱	生成敏感性物质
亚硝基化合物	碱	生成敏感性物质
过氧化铅	胺类	爆炸
醚	空气	生成爆炸性的有机过氧化合物
烯烃	空气	生成爆炸性的有机过氧化合物
氯酸盐	胺盐	生成爆炸性铵盐
亚氯酸盐	胺盐	生成爆炸性铵盐
氯酸钾	红磷	生成冲击摩擦敏感的爆炸物
乙炔	铜	生成冲击摩擦敏感的爆炸物
碱金属	水	混合发火
亚硝酸铵	酸	混合发火
苦味酸	铅	生成冲击摩擦敏感的铅盐
浓硝酸	胺盐	混合发火
过氧化钠	可燃剂	混合发火

炸药库内应保持干燥和通风良好，应备有湿、温度计。库内要经常通风，特别是库内温度高于库外温度时要通风，在库外温度高于库内温度时，应在库外相对湿度低于硝酸铵吸湿点时才能通风。

保持库内干燥和温度不超过35℃是非常重要的。

3. 库房的照明、通讯、防雷装置

不论是地下库或露天库房,都只准用自然光或投射光照明,一切电器设备都设置在库房外,而且使用低压防爆型。临时移动式照明,只准使用安全手电筒、安全汽油灯和蓄电池灯。

库区一般不设电话总机,只设与本单位的保卫部门和消防部门的直通电话,库区之间的联系,用光和音响联系。

地面爆破器材库及覆盖层不厚(小于10m)的硐室式爆破器材库,均应设有防雷装置,防止各种形式的雷电引起库房爆炸,并应经常维修、检测,使其处于正常状态。例如南方某炸药厂的炸药库7月雷雨天起火燃烧,其当地认为是雷电引起(避雷针接地线已腐蚀断开)。

三、爆破器材运输中的早爆

在企业外部的运输,应遵守《中华人民共和国民用爆炸物品管理条例》,企业内部的运输应采用专用车辆运输,禁止用翻斗车、自卸汽车、拖车、拖拉机、机动三轮车、人力三轮车、自行车和摩托车运输爆破器材,特别是没有消烟装置的柴油车最危险。例如某矿用柴油车,由炸药库运送敞露在车上的铵油炸药到爆破现场,由于车子排出烟尘,在途中使炸药起火将一车炸药烧毁。

专用车辆同车运送两种以上爆破器材时,应遵守表7-1的规定。在特殊情况下,需要两种不同性能的器材同车运送时,需经爆破领导人批准,采取相应的措施(雷管装在保险箱里),并由持证的爆破员押运。

井下运送爆破器材,由于空间有限,运输线路复杂,运输工具有罐笼、机车、绞车、人推车和人工搬运,不管是什么运送,都应该由了解爆破器材的爆破员或在其监护下进行,要运输迅速准确,行驶速度合理,按指定线路运送,并遵守爆破安全规程有关的详细规定,否则容易造成事故。例如某地下矿,由两名家属工,用铁架子车在铁轨上推运炸药,运行线路又是旧巷道,结果铁架车与架空线短路产生电火花引燃炸药,造成40多人炮烟中毒死亡。人工搬运爆破器材,个体照明应采用矿用蓄电池灯、安全灯或绝缘手电筒,其他照明具有较大的危险性,容易引起火灾。例如某矿井下深孔大爆破,提前一天将炸药搬运到装药硐室,个体照明采用电石灯。搬运过程中,电石灯掉到炸药堆中没有及时取出补救,引起炸药燃烧没完全,产生的炮烟使44人中毒死亡。

四、火雷管起爆的早爆

火雷管起爆法是利用导火索传递火焰引爆火雷管进而起爆工业炸药的起爆方法。所需要的起爆材料是火雷管、导火索和点火材料。

火雷管起爆过程可能发生早爆的原因有:

1. 加工起爆管时导火索插入火雷管中,在紧口时由于用力过猛、挤压、转动等原因引起早爆。

2. 导火索在生产、储运和使用过程中,由于多方面的原因,使导火索燃烧区的压力增大,导火索产生速燃或爆燃,也就是人们常说的脚踩燃烧的导火索,会使导火索爆燃而发生早爆事故,这类事故曾经经常发生。

3. 点火工具不当,且点火根数过多,延误点火时间而发生早爆。

导火索火雷管起爆方法是一种简单易掌握的方法。为了提高导火索火雷管起爆的安全性应推广一次点火方法。一次点火的方法很多,有:

(1) 点火筒一次点火法:使用点火筒点火时,按点火顺序将每根导火索剪去不同长度,两两之间相差50mm,全部插入点火筒至药饼表面,用麻绳系紧,点火时只点燃点火线即可。当炮孔较多时,可以使用多个点火筒,各组间点燃顺序由点火线长度来控制,相邻两组点火线长度之差为20~50mm。

使用点火筒时要注意:不能将点火筒的排气孔堵塞,否则会出现熄火而导致瞎炮。点火筒一次点火的优点为简单、安全。缺点是水多的地方不能使用,而且导火索消耗较多。

(2) 铁皮三通一次点火法:铁皮三通及其点火联接方式如图7-1、图7-2所示。切取一定长度的导火索作为主导火索,在其上每隔一定距离割一个楔形切口,露出芯药。将三通对准切口卡紧主导火索,再把需要点燃的导火索末端按预定的起爆顺序插入三通并卡紧。点燃主导火索,便可依次引燃各炮孔导火索。为了防止各炮孔导火索在炮响时被打断而发生拒爆,应注意保证在第一个炮孔起爆时,最后一个炮孔的导火索已燃烧到炮孔之内。

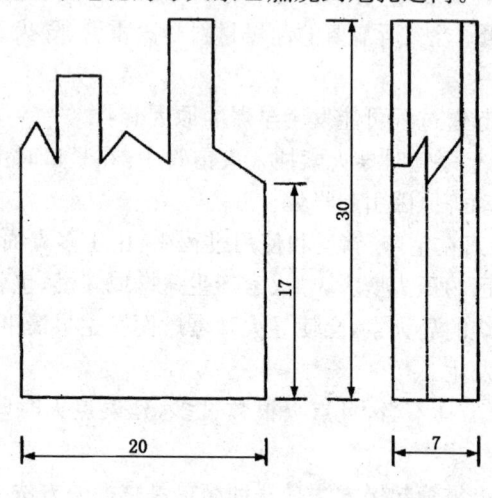

图 7-1　铁皮三通

(3) 竹筒一次点火:将一根竹子锯成 3～5cm 长,在中间同一截面上钻一圈孔,使孔径等于导火索的外径,将需要点火的导火索,按起爆顺序剪成不同长度,并插入孔内,其中有一根点火。当点火这根导火索燃完喷出的火焰将对面导火索点燃,这样相互作用,半秒钟内就可将所有导火索点燃。

(4) 土引线一次点火:将做爆竹的多根引线拧成一股。使用

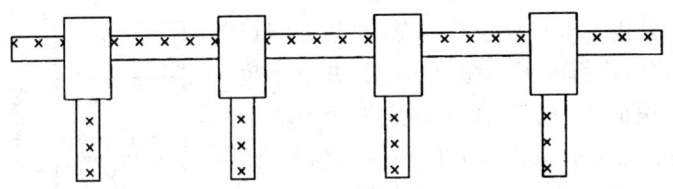

图 7-2 铁皮三通
1—铁皮三通；2—主导火索；3—支导火索

时，在装入炮孔的导火索的端部 3cm 处切一斜口，使药芯露出，用加工好的土引线与切口相连接，点火时只要点燃土引线，就可以顺序点燃所连的导火索。

（5）电力点火法：它是借助电力点火帽或电力点火筒来完成的。电力点火帽的结构如图 7-3 所示。当通电后，桥丝发热点燃引火球再引燃导火索。使用时，只需将导火索插入点火帽并卡紧，再将导电线引出至安全地点合闸，它可以只点燃一根导火索或通过主导火索点燃多根导火索。其突出优点是安全，可远离工作面点火，操作方便。

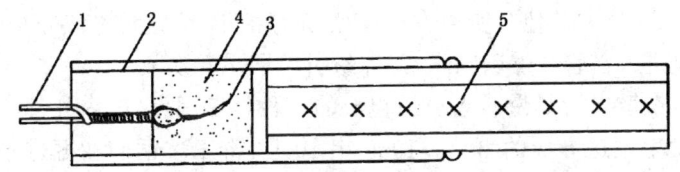

图 7-3 电力点火帽
1—脚线；2—管壳；3—桥丝；4—引火药；5—导火索

电力点火筒的结构如图 7-4 所示。它实际上就是普通点火筒加上电桥点火装置，点火可以通过导电线引至安全地点进行。

此法还有钢丝电阻圈引燃导火索的电力点火法。总之电力点火法是最好的一次点火法。

20 世纪 80 年代初，一些矿山制造了导爆管一次点火法，大大提高了点火安全性。

采用一次点火法应注意:严格控制点火根数,执行露天不超过 10 根,井下不超过 5 根的规定。导火索长度最短不小于 1.2m,点火时采用计时信号线或信号管。有水工作面或雨天,不用火雷管起爆。

五、电力起爆的早爆及预防

电力起爆是唯一能用代替车起爆之前检查网路好坏的一种方法,所以在一些大型爆破及重要的爆破,仍然是用电力爆来完成。电力起爆的主要缺点是容易受外来电的干扰而引起早爆。当外来电流大于雷管的最小起爆电流时,就会发生意外爆炸事故。这些外来电主要是:

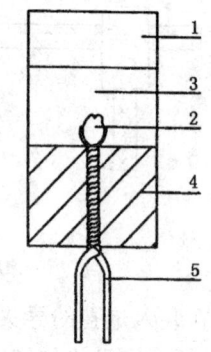

图 7-4　电力点火筒
1—点火筒;2—桥丝;3—药饼;4—绝缘材料;5—脚线

1. 杂散电流

杂散电流也叫漏电流。它是存在于电气网路之外(如大地、风水管、矿体和其他金属物体)的杂乱无章的电流。这种电流分布广,一旦进入雷管或爆破网路,就容易引起早爆事故。

杂散电流是爆破人员最担心的一种早爆因素,国内外都曾多次发生过这方面的事故。1959 年 10 月,寿王坟铜矿在掘进平巷时,连接雷管的导线,一根掉在铁轨上,另一根正准备接爆破干线,恰与巷道帮接触,结果使 19 个炮孔中的 7 个发生爆炸,死亡 1 人,重伤 1 人。事故后进行模拟试验表明,同样是 19 个雷管爆炸 7 个。1977 年 7 月,海南铁矿(露天矿)在 25 个水孔中进行深孔爆破,炸药以浆状炸药为主,胶质炸药作起爆药,用铜壳微差雷管起爆。每孔装两只并联雷管,孔外接成一个大串联组。网路接好后连成短路等候起爆,由于杂散电流的作用,25 个深孔中 9 个突然发生爆炸。

国外在使用电力起爆的初期,早爆事故尤为频繁,血的教训不少。因此,各国对杂散电流都比较重视。在杂散电流的测量、预防等方面做了不少工作。

(1) 杂散电流的来源

1) 架线式电机车牵引网路漏电　金属矿山架线式电机车的电源电流来自直流变电所,经配电盘输至架空裸线。通过受电弓和电动机后,由铁轨返回。实践证明,当轨道接头电阻较大,轨道与巷道底板之间的过度电阻较小的情况下,就会有大量电流流入大地,形成杂散电流。

2) 动力或照明线路漏电　井下电气设备或照明线路的绝缘被破坏时,容易发生漏电,尤其在潮湿环境和有金属导体时,杂散电流就更大些。

3) 化学电源　装药过程中,散落在底板上的硝铵炸药,遇有水时可形成化学电源。这是因为,硝酸铵溶于水后离解成为带正电荷的铵离子和带负电荷的硝酸根离子,在大地自然电流作用下,铵离子趋向负极,硝酸根离子趋向正极,在铁轨、风水管等导体之间形成电位差,即成为杂散电流,其值可达几十毫安。

4) 大地自然电流　大地是一个电磁场,在任何两点之间有电位差,也就是说有大小不同的微电流。

(2) 杂散电流的特点

1) 低电压、大电流。杂散电流是流散于大地间分布较广的漏电流。电压一般是几十毫伏至几伏,个别达几十伏,从未发现杂电触电现象。但是,电流都比较大,最大可达几十安培,一般均大于雷管的安全电流,对电爆破有较大的威胁。

2) 杂电主要分布在导电物体之间。其中大型的连续金属物体(如风、水管和铁轨)之间的杂电最大,大多高于电雷管的起爆电流,没有金属物体的地方(矿体除外),如爆破硐室、采场,杂散电流很少超过安全电流。

3) 杂散电流主要是直流。交流杂散电流只有在使用交流电机车或变压器中心接地或两相一地供电方式的地点才能测到。

4) 杂散电流的方向和大小经常发生变化。

(3) 杂散电流的测量

由于杂散电流是杂乱无章的,被测的两点间的介质复杂多变,如有岩石矿物、金属物体、流体等。不同介质的电阻值相差很大,因此,杂散电流的测量是十分困难的。为了准确有效地测定杂散电流,杂散电流测定仪的工作原理与普通电表不同,不是测定电压和电阻,而是采用等效电阻线路,直接测定出电流值。而对雷管有威胁的正是杂散电流的大小。

具体来说,杂散电流测定仪的工作原理是:根据等效电阻受到电流作用后,两端电压的数值,原理图可参见图 7-5。图中 R 为等效电阻,其电阻值相当于一个电雷管的电阻,用电压表或万用表电压档测出图中 A、B 两点的电压降,然后按下式算出杂散电流 I 值:

$$I = V/R \tag{7-1}$$

式中:I——杂散电流值,A;

V——被测两点间的电压降,V;

R——等效电阻,R 等于 1Ω。

测量时要尽量减少测点接触电阻的影响,使其接触电阻等于零。

杂散电流是随地变化的,为了测出对电雷管有危险的杂散电流的最大值,应根据杂散电流的基本特点和主要来源,正确选择测点和测量对象,否则就不能测出具有危险的杂散电流。杂散电流的测点有临时测点和固定测点两种。固定测点是一个有代表性的测点,平时只要通过这些固定测点的测量,就能掌握爆区周围杂散电流的基本情况和变化规律。临时测点是根据某次爆破的需要临时选择。测量对象共有三种,即导体(如风、水管、铁轨等)、半导体和非导体。

(4) 杂散电流的预防

杂散电流的预防措施有:

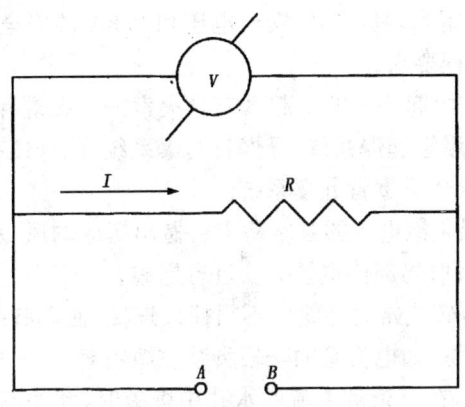

图 7-5 杂散电流测定原理
V—电压表；R—雷管的等效电阻；
I—杂散电流；A、B—测杂端点

1）取不用铁轨作回路的运输方式 如内燃无轨运输车、蓄电池机车、电缆机车等运输方式，都能降低杂电来源。

2）采用绝缘道渣或疏干巷道的方法 增加铁轨与大地的过渡电阻，减少牵引网路的泄漏电流。

3）降低架线电机车运输网路的总电阻 也就是降低铁轨的接头电阻，使回馈电流尽量沿铁轨返回负极，不流散于大地。此外，合理选择回馈点，敷设与铁轨平行的回馈电缆并多次与铁轨连结，这些都能降低杂散电流。

4）电源变压器中心点不接地，消除单相接地现象 不用两相一地供电制，加强电路绝缘等方法均可以减少交流漏电流。

5）用防杂散电流的电爆网路 杂散电流引起早爆一般发生在接成网路后爆破线接触杂散电流源。在电雷管与爆破线连接的地方，接入一个降低电压的元件，如氖灯、电容、二极管、互感器、继电器、非电性电阻等元件，这些元件的特点是低压时能阻止交流或直流电通过，高电压时能瞬间通过较大电流而起爆雷管。

6）用抗杂散电流的电雷管 国产无桥丝抗杂毫秒雷管和低

阻大电流电雷管,具有 5V 安全电压和 2.8A 的安全电流,能满足一般爆破工程要求。

7)用非电起爆 非电起爆有导火索——火雷管起爆系统,导爆索——继爆管起爆系统,导爆管起爆系统,此外还有低能导爆索起爆系统,气体导爆管起爆系统。

8)掌握杂散电流的基本特点 撤出爆区的风、水管和铁轨等金属物体,采取局部停电的方法进行爆破。

9)强爆破线路的绝缘 不用裸线连接,使爆破线没有机会接触杂散电流源,如电雷管的一根脚装在塑料套内,一般都不会接触杂散电流源,在有杂散电流的水孔中爆破时,此法不能预防,更应加强接头处的绝缘。

2. 静电

两种物体间相互发生摩擦时,或者发生接触,会使原有物体正负电荷的均势被打破,使之带有正负电,这种现象产生的电荷叫静电。静电可以被利用来除尘、选矿等。但它对爆破工作来说,却是一种能引起电雷管早爆的有害因素。

近年来在条件适合的爆破地点,已推广了压气装药器装药,当作业地点相对湿度小而炸药与输药管之间的绝缘程度高时,则药粒以高速在输药管内运行所产生的静电电压可达 2~3 万 V,会引起火花放电,对电雷管有一定的引爆危险。

静电危险性主要表现在三方面,能引起电雷管早爆,当静电在雷管壳与接地脚线之间放电时是最大的危险;能直接引起瓦斯和矿尘、药尘爆炸;对人体产生冲击,使作业人员受到二次伤害,如引起高空坠落。

爆破施工中产生的静电有如下一些规律:

(1)炸药粉从管内喷出时,电压可高达 3 万 V 以上,用手触之有触电感,并有放电的响声。

(2)静电的大小与湿度有关,湿度小则静电大;当药粉和工作面上相对湿度超过 60%~80% 以后,静电就不会产生了。

(3) 喷药速度增大,静电电压升高。

(4) 炮孔壁表面的岩石的导电性能好时,静电电荷不易积累。

(5) 分布不均,一般在出药口处静电电压高;输药管外壁的静电电压高于内壁;在炸药内部也有静电。

(6) 静电以泄漏和火花放电两种形式释放能量,在输药管导电性能不好时,往往可聚集很高的静电压。导致瞬间击穿放电,极易引爆雷管。当输药管的导电性能好时,多以泄漏的方式释放能量,减少了早爆的威胁。

静电引起雷管或粉尘等爆炸,其产生的能量必须大于雷管或粉尘的最小起爆能。雷管或粉尘的最小爆炸能量可用下式求得:

$$W = 1/2 CV^2 \tag{7-2}$$

式中:W——爆炸能量,J;

C——试验电容,F;

V——静电电压,V。

若测出的静电小于雷管、粉尘最小起爆能的 5~10 倍,认为是安全的,若大于此值,就要采取安全措施。

静电的测量可用静电测量仪,测量炮孔中可能聚集电荷的导线的电压,用电容测量仪测量导线的对地电容,即可算出静电能量的大小。

为了防止静电引起早爆事故,可采取下列技术措施:

(1) 采用半导体输药管。压气装药用的一般输药胶管,其体积电阻值很高,极易聚集静电,改用半导体输药管进行良好接地之后,静电不容易聚集起来。

(2) 采用防静电装药工艺。在装药过程中,装药器和输药管都必须接地以防止静电聚集。操作人员应穿半导体胶靴,始终手持装药管,随时导走身上的电荷等。深孔装药完毕,再在孔口处装电雷管,以免在装药过程中引起电雷管的早爆。

(3) 在有静电危险区进行爆破,应采用抗静电的电雷管或非电起爆网络。

（4）爆破现场操作人员不要穿戴化纤制成的工作服。

3. 雷电

自古以来，人们总怀着恐惧的心理观察雷电，它的确能给人们带来灾难和不幸。雷电能使人畜触电伤亡、供电中断、电器设备损坏，在矿山能引起瓦斯和煤气爆炸。1963年8月，英国一煤矿在离地表170m、距井底2200m处，雷电由20kV高压线传至井下设备。设备对地放电引起瓦斯爆炸，造成重大伤亡。海南露天铁矿，1977年7月进行深孔爆破，每个孔装两个起爆药包，用铜壳微差雷管并串联起爆，装完药后爆破网络接成短路放在地上等待起爆，至下午2时许，爆区附近雷击，使9个孔全部起爆。

雷电引爆雷管有以下三种情况：

（1）电磁场的感应。电爆网路被雷电磁场的磁力线切割后，在电爆网路中产生的电流强度足以引起电雷管爆炸。

（2）静电感应。在有雷电的情况下，通过带电云块的电场作用，电爆网路中的导体能积蓄感应电荷，这些电荷在云块放电后就成为自由电荷，它以较高的电势沿导体传播，因而可引起电雷管的早爆。

（3）直接雷击。爆破网路和电雷管脚线在遭受直接雷击时，雷管产生热效应以及机械和电磁作用，在无避雷设施情况下，有可能引起早爆。

为了防止雷电引起早爆事故，除了在爆区设立雷电报警装置外，还可以采用下列方法：

（1）及时收听天气预报，并用宏观的方法观察气象。禁止在雷雨天进行电气爆破。

（2）采用屏蔽线联接爆破网路。

（3）在爆区设立避雷针系统或防雷消散塔。

（4）缩短爆破作业时间，特别是从连线到起爆时间争取在雷电来临之前起爆。

(5)采用非电起爆系统起爆。

4. 射频电及高压感应电

未屏蔽的电雷管和电爆网路,在无线电、雷达、电视发射台和高压线附近,都会产生、吸收电能,如果这种电能超过安全允许值,即可引起电雷管早爆。

要想用一种简单的仪表对上述危害进行测定是比较困难的,只能在爆破前,对爆区附近进行宏观观测,然后采取下列预防措施:

(1)查明爆破区附近是否有射频能源,如电视台、广播电台、雷达、发报机、高压电等。并与这种能源保持一定的安全距离。安全距离与发射机的频率、功率及导线布置方式有关。频率高,安全距离小,功率大安全距离大。同样的功率,频率不同安全距离也不同。表 7-3 的安全距离值对各种频率都有参考价值,表 7-4 是距高压线的安全距离。

表 7-3 射频安全距离

发射功率(W)	安全距离(m)
4～20	30
20～99	60
100～249	150
250～999	300
1000～4999	600
5000～50000	1500

表 7-4 高压线附近爆破时的最小距离

高压线电压(V)	导线长(m)			
	1.8	2.5	3.6	5
33000				132
66000		132	190	264
132000	190	264	360	528
330000	475	660	950	1320

(2) 采用屏蔽线爆破。

(3) 电雷管在射频源附近运输、贮存时,脚线应折叠或绕成卷,并装在金属箱内。

(4) 采取非电起爆系统,能有效地防止射频电的危害。

六、导火索起爆的安全

导火索是由猛炸药制成,不含起爆药类物质,是比较安全的。但毕竟是起爆器材,使用中应该注意下面几点:

(1) 导爆管的药芯是用高威力较敏感的黑索金、太安等炸药制成,这些炸药的冲击、摩擦感度比工业炸药高,因此在使用中只能用锋利刀子切割,不能用电工钳、剪刀切割。还要防止冲击、摩擦发生,以免由此发生早爆。

(2) 导爆索的火焰感度比工业炸药高,因此,应严禁烟火,防止发生火灾。一旦发生时,要迅速扑灭。因为导爆索的药芯是高威力的黑索金(或泰安),它的热感度、机械感度、爆轰感度都比工业炸药高,稳定燃烧的极限压力大约为 2451.675kPa,比工业炸药低得多。这样,当导爆索(要有一定数量)或炸药中有导爆索燃烧时,随着燃烧速度的加快,燃烧后的气体量增多,一旦气体生成量大于排除量,则燃烧区域的压力便逐渐增大,压力的增大又使燃烧加速,压力达到某一极限后,燃烧产生的高温气体向导爆索穿透并使其燃烧,随着燃烧面积的扩大和大量气体的膨胀在导爆索中不断产生压缩波,由于压缩波的叠加,逐渐形成冲击波。当冲击波的强度达到一定数值后,导爆索突然爆轰,从而形成了由燃烧转为爆炸的过程。1983 年 1 月,我国西南发生的一次伤亡 57 人的爆炸事故,就是由于药室中的炸药起火(32t 炸药中装有 3 个带导爆索的起爆体),燃烧约 20min 后转为爆炸的。1981 年,湖南某矿在井下深孔爆破中发生的 6 人伤亡事故,也是由于深孔中装有导爆索。

(3) 导爆索起爆属非电起爆之一,不少人认为非电起爆的主要优点就是不怕各种电的干扰,因此,思想麻痹,失去警惕。1968 年,

ICI 澳大利亚分公司,在用导爆索起爆的操作过程中,因雷电而引起爆炸伤亡事故。说明在强电流作用下,导爆索也可能发生爆炸。

七、导爆管起爆的安全

导爆管起爆系统是由导爆管和非电雷管组成的,非电雷管具有同其他雷管一样的冲击、摩擦的敏感度。因此,和其他雷管一样要谨慎操作,否则也同样易发生爆破事故。例如,湖北某露天矿的深孔爆破,将非电雷管绑在起爆弹引出的导爆管上,向深孔装起爆弹时,由于石块的冲击而发生爆炸,致使一人死亡。

导爆管虽然具有较好的抗电干扰能力,但不是能抗一切电干扰。遇到强大电能(如雷击、电火花等)时,也有较大的潜在危险,因此,大雷雨天应停止操作。

另外,导爆管虽然火烧不炸,枪击不响,但终究仍属爆炸危险品,所以在贮存、运输和使用时要防止与火源接触。

导爆管是由绝缘塑料制成,摩擦容易产生静电,使用中应防止快速摩擦,以免产生静电积聚而发生火花放电引起早爆。

第四节 迟爆原因及预防

迟爆是指在预定起爆时间之后,又突然发生的爆炸。也就是在起爆之后,有一部分或全部发生拒爆,然后相隔一段时间,拒爆药包的部分或全部又发生爆炸。这种延迟的爆炸,危险很大,往往造成重大伤亡事故。例如,1985年1月,广东某露天矿,在进行小硐室及深孔爆破时,用电雷管起爆。起爆后有一个装1.8t的药室未响,大约20min后,这个药室又突然发生爆炸,使在现场的12个人中10人死亡,1人重伤,1人轻伤。这是一起典型的迟爆事故。又如河北某矿1979年5月28日,露天矿进行7t炸药的深孔爆破时,炮响后约21min,突然又有一个深孔发生爆炸,险些造成重大伤亡事故。用导火索火雷管起爆,这类事故更容易发生。

一、延迟爆炸的原因

1. 起爆器材引起的迟爆

(1) 雷管起爆力度不够。不管是什么雷管,起爆力不够,就不能激发炸药爆轰,但能引燃炸药,被引燃的炸药烧到拒爆或助爆雷管(没有接入网路的雷管)时,雷管爆炸引爆未燃烧的炸药而形成延时爆炸。或者引燃的炸药,在炮孔中形成高温高压而转成延时爆炸事故。

(2) 导火索质量有问题。导火索从点火到雷管爆炸的时间大于其长度与燃烧的乘积,即为迟爆。导火索的均匀燃烧是在药芯密度、直径、水分不变和燃烧区压力稳定的情况下进行的。如果药芯中断较长,导火索便不传火而产生拒爆。但药芯中断不太长时,粘有黑药的三根芯线还能继续的阴燃,当燃到未断药处又重新引燃药芯并以正常的速度燃烧下去,这样,就有可能在人们回头检查或进行下道工序时突然爆炸,而产生延迟爆炸事故。

导火索在制造、贮存、运输中使其受潮变质,药芯水分增加,使导火索燃速缓慢而迟爆。导火索药芯水分与燃速的关系见表 7-5。

表 7-5 药芯水分与燃速的关系

药芯含水量(%)	燃速(m/s)	药芯含水量(%)	燃速(m/s)
1.81	110~115	5.17	127~146
2.49	112~118	6.78	135~155
3.45	115~125		(出现断火)

2. 炸药钝感引起迟爆

炸药钝感时,雷管起爆未使炸药爆轰,而只是引燃炸药,燃烧的炸药又烧爆拒爆或助爆雷管,进而再次起爆未然炸药;或因炸药在炮孔内燃烧形成高温高压而转为爆炸。前面所讲的第二个例子,就是因炸药钝感而发生的迟爆事故。

3. 操作不慎引起迟爆

用导火索火雷管起爆时,使用中不慎使重物击打导火索,使导火索药芯形成似断非断现象;或者先响炮孔的飞石,损伤未燃完的导火索,使之产生似断非断现象,这些都为延迟爆炸提供了有利条件。打残眼或处理盲炮发生的爆炸事故,也可算迟爆事故。

二、延迟爆炸的预防

1. 不使用过期变质或不合格的爆破器材。保证起爆后不发生瞎炮、残炮等任何现象。没有拒爆,就没有延迟爆炸的条件。

2. 用质量好的炸药做起炸药包,使雷管起爆后,炸药达到稳定爆轰的爆速。特别是采用纯芯炸药(如浆状炸药、铵油炸药、铵松(沥)蜡等炸药)时,应该采用中继起爆药包,中继起爆药包的爆速,一定要大于被起爆炸药的爆速。例如浆状炸药用黑梯药柱(黑索金和梯恩梯溶注成药柱)做中继药包,铵油炸药用好的铵梯炸药做起炸药包。

3. 尽量少用导火索火雷管起爆。导火索因多方面的原因在生产中难免会出现断细药现象,这种现象靠产品的抽样检测是很难发现的,到用户手中就更难发现。为了减少迟爆的概率,应尽量不用或少用导火索火雷管起爆法。

4. 操作中避免导火索过度弯曲或折断;放炮时用数炮器或听觉进行数炮,发现或怀疑有瞎炮时,加倍延长进入爆区的时间。

5. 采用复式起爆网路,尽量减少起爆器材残留在拒爆药包内。炸药中有起爆器材,炸药燃烧时容易转为爆炸。所以消除起爆器材拒爆,特别是不应用助爆雷管来提高雷管的起爆能力。

第五节 爆破操作安全技术

爆破员(工)除了领、退、管爆破器材外,主要应按照爆破指令单和爆破设计,遵守爆破安全规程和操作细则进行爆破作业。做好这个过程中的安全工作,是整个爆破安全工作的重要环节。爆破员的施工程序主要是：

一、起爆体的加工

1. 起爆管加工

将传递元件(引爆雷管能源的传递)与雷管的连接，通称起爆管加工。电雷管和毫秒非电雷管已在生产厂家完成，不需要爆破员加工，导火索、火雷管和即发非电雷管的装配，是根据当班需要的数量，由爆破员在专用房间的工作台上操作。

首先用快刀将导火线或导爆管切成所须长度，并检查其质量有无过粗过细破皮等缺陷，有的应切除，逐个检查雷管质量，如管体压扁、破损、锈蚀、加强帽歪斜。雷管内有杂物，严禁用工具掏或嘴吹。只准许用手指轻轻弹击杂物，弹不出的禁止使用。

将导火索和导爆管有垂直面的一端，直接或通过连接塞轻轻押入雷管，不得旋转摩擦。金属壳雷管应用安全紧口钳，纸壳雷管应用胶布捆轧或附加金属箍圈后紧口。

2. 起爆药包加工

浅眼爆破和深孔爆破的起爆药包的加工，是在爆破工作面安全的地方进行。用竹、木锥在药卷中心锥一个孔，或将药卷一端打开并用手将炸药揉松，然后将雷管全部押入药卷内。严禁雷管露在药卷外。雷管插入药卷后，应用细绳或电雷管脚线或导爆管将雷管固紧。加工起爆弹时，必须将雷管放在起爆弹的预留孔内，禁止露在起爆弹外面。

硐室爆破用的起爆药包，应在距工作面 50m 以外的安全地点进行。起爆药包一般采用 2 号岩石炸药，其外壳一般采用木箱制作，起爆雷管与起爆炸药共装在一个木箱内，雷管引线拉出箱外，以便与起爆网路连接。

二、装药

装药前先检查炮孔或药室是否符合设计要求，有无不安全因素,是否需要吹孔,孔内是否有水等。经确认无问题时开始装药。

浅孔爆破用炮棍将药卷推入炮孔,装起炸药包时,不得冲撞或捣实,起爆药包不装在孔口第一个药包。

深孔爆破起爆药包用细绳或起爆线轻轻送入,禁止投入起爆药包。有水炮孔应采用防水炸药。起爆药包不装在孔口。用压气装药时,不用电雷管起爆,应采用非电起爆,孔底起爆时,雷管应装在有安全装置的药包内。

硐室爆破的装药工作是一项工作量大、涉及劳动力多、时限性强以及危险性大的工作。每个药室要指定专人负责,对炸药的运输、堆放、搬运、照明、通风等进行全面检查和安排。采用电力起爆时,装起爆药包前,应撤除一切电源,只准用安全矿灯、绝缘电筒照明。起爆药包应装在药室中部。装填要特别小心,不能损坏起爆网路,可采用木槽、竹管将网路保护起来,以防损坏。

三、堵塞

堵塞是很重要的工序,堵塞可以使炸药爆炸完全,改善爆破效果。堵塞质量好可以使炸药的爆炸能量得到充分的利用,减少冲击波及飞石的危害。

堵塞长度与孔径有关,钻孔直径大则堵塞长度大。堵塞长度还与抵抗线有关,一般来说,堵塞长度不能小于最小抵抗线。不同的环境不同的爆破方法,其堵塞长度也有所不同。露天深孔爆破,堵塞长度20~40倍孔径,一般不小于底盘抵抗线的0.75倍;井下深孔爆破,堵塞长度变化在0.4~0.8的最小抵抗线之间;浅眼爆破应将装药后的空隙部分全部用炮泥填满。煤矿爆破要求更严,炮眼深度小于1mm,堵塞长度不得小于炮眼深的1/2。浅眼及井下深孔,一般都用砂子和粘土以3:1再加上20%的水泥和制成的炮泥作堵塞材料。露天深孔爆破的堵塞材料,一般用钻孔的碎屑、尾矿砂或泥土,禁止使用石块及易燃材料充填。有水孔最好是使用粗砂子充填。

硐室爆破的堵塞长度一般大于最小抵抗线。堵塞料可用开挖的石渣或其他堆积物,先用编制袋装好待用。堵塞时先垒墙封闭药室,然后隔段打墙,墙之间用石渣或其他堆积物充实。

不论任何一种爆破,都要采取措施,保护爆破网路不受损坏,特别是非电起爆网路,损坏了很难检查出来。

四、网路联接与起爆

装药完毕后进行网路联接。网路联接应由炮孔或药室按设计网路要求由内向外联接。各种网路及其联接方法,在第三章中已有叙述,这里只是对联接的安全问题提示一遍。

1. 网路的联接应在无关人员撤离爆区以后进行,联好后,要禁止非爆破员进入爆破段。

2. 导线或导爆管要留有一定富余长度,防止因炸药下沉、地震波拉断尚未点燃雷管的网路。

3. 网路联接后要有专人警戒,以防意外。

4. 采用电气起爆时,应将导线擦去氧化皮再接线,并用黑胶布裹紧。

5. 电爆网路的检测要用专用爆破电表,其工作电流和最大误操作电流不得超过 30mA。

起爆网路联好以后用什么方法来引爆网路。引爆网路的方法有导火索火雷管、电雷管、导爆管。击发导爆管可以用击发枪或点火花。

起爆是在各警戒点警戒好以后,由爆破总指挥发出起爆信号以后起爆。

五、爆后检查

爆后必须对爆破现场进行检查,检查的内容包括是否全部炮孔起爆;爆后对周围设备及建筑物的影响情况;爆堆的形状及安全状况,有关危石和不稳定的岩堆。确认炮孔全部起爆,经检查后方可发出解除信号、撤除警戒人员。如发现盲炮,要采取安全防范措施后,才能离开。

第六节　造成盲炮的原因及处理技术

盲炮又称瞎炮,系指炮眼或深孔中的起爆药包经点火或通电后,雷管与炸药全部未爆,或只爆雷管而炸药未爆的现象。当雷管与部分炸药爆炸,但在孔底剩留有未爆的药包,则称为半爆或残炮。

盲炮是爆破作业中常遇到的一种爆破事故,必须认真按照爆破安全规程操作,采取措施竭力避免产生盲炮,如果此种事故一旦发生,必须严格遵照爆破安全规程的规定进行处理,在表 7-6 中列出了盲炮产生的原因、处理方法及预防措施,以供实际爆破参考。

表 7-6　盲炮产生的原因、处理与预防

现　象	产生原因	处理方法	预防措施
孔底剩药	1. 炸药变潮变质,感度低 2. 有岩粉相隔,影响传爆 3. 管道效应影响;传爆中断,或起爆药包被邻炮带走	1. 用水冲洗 2. 取出残药卷	1. 采取防水措施 2. 装药前,吹净炮眼 3. 密实装药 4. 防止带炮,改进爆破参数
只爆雷管火药未爆	1. 炸药变潮变质 2. 雷管起爆力不足或半爆 3. 雷管与药卷脱离	1. 掏出炮泥,重新装起爆药包起爆 2. 用水冲洗炸药	1. 严格检验炸药质量 2. 采取防水措施 3. 雷管与起爆药包应绑紧

续表

现　象	产生原因	处理方法	预防措施
雷管与炸药全部未爆	对火雷管起爆： 1. 导火索与火雷管质量不合格 2. 导火索切口不齐或雷管与导火索脱离等 3. 装药时导火索受潮 4. 点火遗漏或爆序乱，打断导火索 对电雷管起爆： 1. 电雷管质量不合格 2. 网路不符合准爆要求 3. 网路联接错误，接头接触不良等 导爆索(管)同上	1. 掏出炮泥，重新装起爆药包起爆 2. （同1.）装聚能药包进行殉爆起爆 3. 查出错联的炮孔，重新联线起爆 4. 距盲炮0.3m以远，钻平行孔装药起爆 5. 水洗炮孔 6. 用风水吹管处理	1. 严格检验起爆器材，保证质量 2. 保证导火索与火雷管质量，装药时，导火索靠向孔壁，禁止用炮棍猛烈冲击 3. 点火注意避免漏电 4. 电爆网路必须符合准爆条件，认真联接，并按规定进行检测 5. 点火及爆序不乱 6. 保护网路

主要参考文献

1. 中国力学学会工程爆破委员会.爆破员读本.冶金工业出版社,1992
2. 普永发等.爆破员培训教材(内部).冶金部安全教育中心,1985
3. 普永发等.爆破人员安全知识读本(内部).冶金部安全教育指导站,1989
4. 中国力学学会工程爆破委员会.爆破工程.冶金工业出版社,1992
5. 王玉元等.安全工程师手册.四川人民出版社,1995
6. 国家煤矿安全监察局人事培训司.爆破工.中国矿业大学出版社,2002
7. 秦明武等.露天深孔爆破.陕西科学技术出版社,1995
8. 普永发.爆破安全问答.《工业安全与防尘》,1987.1～1988.3